Excel
数据之美
从数据透视表到分析报告

杨　群◎编著

中国铁道出版社有限公司
CHINA RAILWAY PUBLISHING HOUSE CO., LTD.

内 容 简 介

本书从数据分析报告出发，重点介绍了 Excel 数据透视表在分析数据和生成数据分析报告的过程中需要掌握的相关知识。

本书分为三部分共 12 章：第一部分介绍数据分析报告的相关知识和数据报告的制作流程；第二部分为本书的重点内容，介绍运用 Excel 数据透视表分析数据需要掌握的各种方法和技巧；第三部分则通过实战综合案例让读者体验数据透视表在数据分析中的具体应用，将知识融会贯通。

本书图文搭配、案例丰富，能够满足不同层次读者的需求，特别适合需要从事数据分析工作的人员以及工作中需要进行数据分析的相关人员。此外，有一定 Excel 基础的读者也可以通过本书来学习数据分析技巧。

图书在版编目（CIP）数据

Excel数据之美：从数据透视表到分析报告/杨群编著. —北京：
中国铁道出版社有限公司，2022.4
ISBN 978-7-113-28771-9

Ⅰ.①E…　Ⅱ.①杨…　Ⅲ.①表处理软件　Ⅳ.①TP391.13

中国版本图书馆CIP数据核字(2022)第008382号

书　　名：Excel 数据之美：从数据透视表到分析报告
　　　　　Excel SHUJU ZHI MEI：CONG SHUJU TOUSHIBIAO DAO FENXI BAOGAO
作　　者：杨　群

责任编辑：张　丹　　编辑部电话：(010) 51873028　　邮箱：232262382@qq.com
封面设计：宿　萌
责任校对：安海燕
责任印制：赵星辰

出版发行：中国铁道出版社有限公司（100054，北京市西城区右安门西街 8 号）
印　　刷：北京联兴盛业印刷股份有限公司
版　　次：2022 年 4 月第 1 版　2022 年 4 月第 1 次印刷
开　　本：700 mm×1 000 mm　1/16　印张：20.25　字数：332 千
书　　号：ISBN 978-7-113-28771-9
定　　价：79.80 元

版权所有　侵权必究

凡购买铁道版图书，如有印制质量问题，请与本社读者服务部联系调换。电话：(010) 51873174
打击盗版举报电话：(010) 63549461

前言

● 关于本书

无论在什么企业，都有可能会涉及数据分析，特别是专业的数据分析人员，更是会经常进行数据分析。分析数据、制作数据分析报告可能会让许多数据分析工作者或是其他需要分析数据的人员难以入手。其实，有时通过Excel 就可以轻松完成数据分析工作。

为了让更多的数据分析工作者或是需要进行数据分析的人学会使用Excel 数据透视表进行数据分析、制作数据分析报告，我们编写了本书。从数据分析实际的需要出发，帮助用户快速提高。

● 本书特点

【内容精选，讲解清晰，学得懂】

本书包含了用户使用 Excel 制作数据透视表进行数据分析所需掌握的相关知识，通过知识点＋案例精解的方式进行讲解，旨在让读者全面了解并真正学会使用 Excel 数据透视表进行数据分析。

【案例典型，边学边练，学得会】

为了便于读者即学即用，本书在讲解过程中列举了大量数据分析过程中可能遇到的典型问题，并提供解决方法，让读者在学习知识的过程中，提高动手能力。

【图解操作，简化理解，学得快】

在讲解过程中，采用图解教学的形式，图文搭配，并配有详细标注，让读者能够更直观、更清晰地进行学习并掌握知识，提升学习效率。

● 主要内容

本书共 12 章，分为三部分。

组成部分	具体介绍
了解数据分析报告 （第1章）	这部分是本书的先导部分，帮助读者了解数据分析报告的相关知识。主要分为两个部分，分别是了解数据分析报告和数据分析报告的设计以及帮助读者理清数据分析报告的形成过程
Excel进行数据分析 （第2~11章）	这部分直接切入主题，介绍如何使用Excel数据透视表进行数据分析和报表制作。具体介绍了Excel数据透视表的基础操作、调整报表布局、报表美化、动态报表制作、报表数据管理、数据分组、报表数据计算、多区域报表使用、图形化展示分析结果以及运用Power Pivot进行可视化分析等内容
报表制作实战 （第12章）	这部分内容主要是通过3个具体的案例对前面讲解的知识进行回顾和综合使用，案例涉及商品销售、日常财务和人事工作，旨在帮助读者通过案例制作系统地掌握前面章节的知识

● 读者对象

本书主要适合职场中的数据分析工作者，以及在工作中需要进行数据分析和制作数据分析报告的读者。此外，本书也适合有一定 Excel 基础的用户或 Excel 爱好者进行学习。

最后，希望所有读者都能从本书中学到想学的知识，掌握 Excel 数据透视表在数据分析中的应用方法与技巧，提升自身工作效率。

● 资源赠送下载包

为了方便不同网络环境的读者学习，也为了提升图书的附加价值，本书案例素材及效果文件，请读者在电脑端打开链接下载获取学习。

 扫一扫，复制网址到电脑端下载文件

下载网址：http://www.m.crphdm.com/2022/0303/14449.shtml

编　者

2022 年 1 月

目录

第①章

揭开数据分析报告的面纱___

本章导读

在大数据时代，企业的运营都离不开数据分析的指导，通过数据分析可以更精准地了解过去发生了什么，为什么会发生这些以及未来将会怎样。这些数据分析结果最终都会在数据分析报告中体现出来，供报告使用者使用。在本书的第一章，我们首先来了解一下数据分析报告的相关内容及其形成的过程，让读者对数据报告有一个整体的认识。

知识要点

- 数据分析报告基础入门
- 理清数据分析报告的形成过程

1.1 数据分析报告基础入门

数据分析是指用适当的统计分析方法对收集来的大量数据进行分析，将它们加以汇总、理解并消化，以求最大化地开发数据的价值，发挥数据的作用。数据分析的最终结果会形成数据分析报告，供他人使用。

下面首先来了解一下数据分析报告的一些基础认知与制作数据分析报告需要具备的素质。

1.1.1 认识数据分析报告

在现代这个大数据时代，企业的任何经营决策都必须建立在可靠的数据分析基础上。而数据分析报告就是数据分析师与决策者之间沟通与交流的一种介质。数据分析师完成数据分析工作，形成数据分析报告；决策者使用数据分析报告中的结论，制订各种运营计划和决策。

下面我们从数据分析报告的作用与类型两个方面进行具体了解。

1.数据分析报告的作用

数据分析报告的具体作用主要有3个，分别是展示数据分析结果、检验数据分析质量以及为决策提供参考，其具体描述如表1-1所示。

表1-1

作用	具体描述
展示数据分析结果	展示数据分析结果是数据分析报告的基本作用。当数据分析师完成数据分析工作后，所有的数据分析结果都是散乱的，要想他人能够准确、方便地获取分析结果，此时就需要将这些数据分析结果按照一定的先后逻辑（顺序）整理成数据分析报告，供报表使用者使用

作用	具体描述
检验数据分析质量	检验数据分析质量是数据分析报告的直接作用。通过查阅数据分析报告，可以了解报表制作者的分析思路、工作态度，进而确定报表数据的可信度。如果是一份粗糙的报告，那么决策者对报告中的数据的准确性与科学性也会持怀疑态度
为决策提供参考	为决策提供参考是数据分析报告最重要的作用。任何数据分析工作都不是随随便便开展的，它一定是围绕某一需求进行的。只有在基于历史数据支撑的基础上，制订的计划或者做出的决策才更科学，也更具可行性

2.数据分析报告的类型

根据报告对象、时间和内容等的不同，数据分析报告也可被划分为多种类型，如专题分析数据报告、综合分析数据报告和日常数据通报，各种类型分析报告的具体介绍如下所示。

● 专题分析数据报告

专题分析数据报告主要是对某一方面或某一个问题进行专门研究的一种数据分析报告，其具有单一性和深入性两个特点。

①单一性。主要针对某一方面或某个问题进行分析，如用户流失分析、提升用户消费分析以及提升企业利润率分析等。

②深入性。由于报告内容单一、主题突出，因此便于集中对问题进行深入分析。

● 综合分析数据报告

综合分析数据报告是与专题分析数据报告相对的一种数据分析报告，它要求对企业、单位、部门业务或其他方面发展情况进行全面评价，如企业运营分析报告、全国经济发展报告等。

综合分析数据报告具有全面性和联系性两个特点。

①全面性。综合分析报告反映的对象必须站在全局的角度，对其进行全面、综合地分析。

②联系性。由于是对对象的整体进行全面、综合地分析，因此在分析时

就需要将与对象相关联的所有现象、问题综合在一起进行系统的刻画。

● **日常数据通报**

日常数据通报是按日、周、月、季、年等时间阶段定期对业务情况、计划执行进度等进行报告的一种数据分析报告。它既可以是专题性报告，也可以是综合性报告，是企业中应用最广泛的一种数据分析报告。

如图1-1所示为某公司月度数据分析报告模板。

××有限公司___月数据分析报告

销售部　　　　　　　　　　年　　月

项目＼比率	本月数值	同比	环比	备注
月订单量（吨）				同比：与上一年度作比较
客户拜访量（个）				环比：与本年度上一月度作比较

生产部　　　　　　　　　　年　　月

项目＼比率	本月数值	同比	环比	备注
生产量（吨）				
成本核算表				同比：与上一年度作比较
人员流失率				环比：与本年度上一月度作比较
计划完成率				

质检部　　　　　　　　　　年　　月

项目＼比率	本月数值	同比	环比	备注
产品合格率				同比：与上一年度作比较
成品率				环比：与本年度上一月度作比较

图1-1

日常数据通报具有时效性、进度性和规范性3个特点。

①时效性。时效性是这类数据报告最突出的特点。只有及时发现问题，了解现状，才能针对问题快速解决，让决策者掌握主动权。

②进度性。由于日常数据通报通常是对某些项目计划、业务完成情况的进展进行报告，因此在使用这类报表时，必须将进展与时间进行综合分析，这样才能判断进展的好坏，以便决策者及时调整。

③规范性。由于这类报告定期制作给决策者使用，因此其通常都具有一定的规范结构。并且，对于有些报告，为了体现联系性，还可能只是变动一下报告时间，对应更新一下数据就行了。

1.1.2　报告制作者应具备的基本素质

报告的正确性、科学性、清晰性是其体现价值的关键，作为报告制作者，应该具备哪些基本素质才能确保制作的数据分析报告严谨、准确且清晰呢？下面介绍几个报告制作者必须具备的素质。

● 具备认真细致的态度

认真细致的态度是每个数据分析师必须具备的基本素质，但凡与数据打交道的工作都是细致活儿，如最常见的财务工作等。而且数据本身就是枯燥的数字，并且有些数据分析过程是一环紧扣一环的，如果工作人员不认真、不细致，一个数据写错，或者一个小数点输错，最后都可能导致分析结果出现较大偏差。

例如在制作数据分析报告时，产品A的销售最低，为120件；但是由于工作人员疏忽，在制作报告时将120误输入为420，从而让产品A的最低销量变为最高销量了，导致报告中的数据结论出现严重错误。

如果报告使用者获得了错误的结论，以产品A畅销为前提制订未来的营销计划、采购计划，则可能会造成产品A库存积压，其他产品销售断货的情况，从而影响企业正常的运作。

● 具备清晰缜密的思维

数据报告本身就是数据分析师对混乱、无序的数据进行整理，转化成清晰明了的分析结果，最终形成的报告。因此，作为报告制作者，必须具备强大的逻辑思考能力和缜密的逻辑思维，这样才能确保制作的数据分析报告思路清晰、有条理，让报告使用者能够顺利地查阅报告内容。

如果报告制作者的思维混乱，这里分析一下，那里分析一下，最终的结果也是杂乱地堆砌在一起，面对这样的数据分析报告，报告使用者难以分清楚分析结果的主次，掌握不到报告的重点，这会影响报告使用者的判断，从而做出错误的决策，这个后果是非常严重的。

● **熟练使用工具**

"工欲善其事，必先利其器"，做任何事情都需要借助"器"，才能更好地进行。数据分析工作也是如此，在处理和分析数据的时候要借助各种数据分析工具，如图1-2所示。

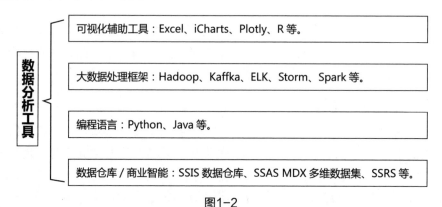

图1-2

另外，在制作数据分析报告时，也要根据不同的需求选择合适的工具，如Word、Excel或PPT等。

因此，对于工具的熟练使用也是数据分析报告制作者必须具备的技能。

● **具备创新意识**

虽然对于数据的处理与分析需要严谨、客观的态度，但是对于数据的呈现就是一个考验报告制作者水平高低的方面。优秀的报告制作者一定是具有创新意识的。

墨守成规地制作报告，会使整个数据分析报告看起来毫无亮点。而报告使用者通常是决策者或者企业高管，他们需要的是一份清晰的、重点突出的数据分析报告，这样才能让其快速抓住重点。

因此，在制作数据分析报告时，不能草草了事，一定要发挥你的创新能力，制作出不一样的数据分析报告，从数据分析报告的效果体现你的专业、严谨。如图1-3所示就是数据分析报告中的普通图表效果和具有创意表达的图表效果。

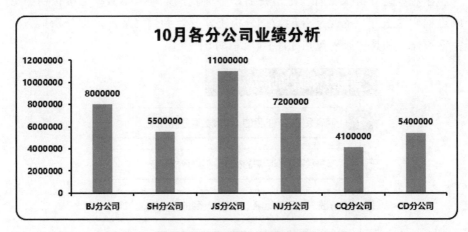

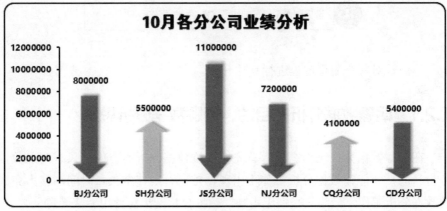

图1-3

从图1-3可以看到，上图是一般报告制作者常采用的表达效果，下图在其基础上稍微进行了一些变化，将柱形形状更改为箭头形状，通过箭头的方向可以查看到当月的业绩相比于上月的业绩是增还是减，而且对于增减业绩的箭头形状也用了颜色进行了填充，业绩减少用向下的箭头，可以让报告使用者引起注意。

1.2　数据分析报告的形成过程

在对数据分析报告有一定了解后，下面我们来理一下数据分析报告的形成过程。这里介绍的是从开展数据分析工作开始到最终形成数据分析报告的完整流程，其具体流程包括如图1-4所示的4个环节。

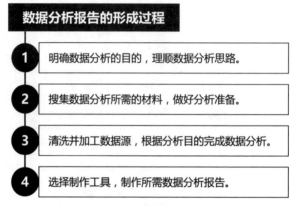

数据分析报告的形成过程

1　明确数据分析的目的，理顺数据分析思路。

2　搜集数据分析所需的材料，做好分析准备。

3　清洗并加工数据源，根据分析目的完成数据分析。

4　选择制作工具，制作所需数据分析报告。

图1-4

下面针对每个流程过程进行具体介绍。

1.2.1　明确数据分析的目的，理顺数据分析思路

在进行数据分析工作之前，首先要明确数据分析的目的，只有明确数据分析目的，才能让数据分析工作不出现偏差。否则花费大量时间与精力完成的数据分析工作，最终只是做无用功，数据分析结果对使用者毫无意义。

当确定了数据分析的目的后，接下来就需要对数据分析思路进行梳理，并初步搭建数据分析的框架，比如要如何开展数据分析工作？第一步要做什么？需要什么资料？数据分析要涉及哪些指标？要运用什么方法来完成此次数据分析工作？

这一步非常重要，它直接影响到数据分析的后期执行，以及明确指导数据分析工作者应该按照什么样的顺序开展数据分析工作，以及了解数据分析工作的进程情况。

因此，在此阶段明确数据分析目的，并理顺数据分析思路后，非常有必要将这些思路形成文字，制订对应的数据分析可行性报告，从而确保数据分析工作的可行性，进而顺利开展数据分析工作。

1.2.2 搜集数据分析所需的材料，做好分析准备

搜集数据分析所需的资料是按照确定的数据分析目的和思路展开的一项工作，这是有效开展数据分析工作的先决条件，如果资料搜集不充分、不准确，会导致数据分析工作开展困难。

通常，数据分析所需的材料可以从3个方面来获取，分别是内部数据、网络公开数据源以及问卷调查。

1.从公司内部获取数据资料

公司在运营过程中会产生各种各样的数据，这些数据都是公司的重要资料，因此都会按不同的类别进行妥善保存，如图1-5所示为某公司近期各生产车间的生产进度数据统计资料。

	A	B	C	D	E	F
1	生产车间	产品	开始日期	结束日期	件数	
2	1车间	六角螺丝	2020/9/27	2020/10/7	900	
3	1车间	圆形螺栓	2020/9/25	2020/10/5	1200	
4	1车间	汽车螺母	2020/9/25	2020/10/5	1100	
5	1车间	平头铆钉	2020/9/9	2020/9/19	1224	
6	1车间	平头铆钉	2020/9/8	2020/9/18	1128	
7	1车间	六角螺丝	2020/9/5	2020/9/15	1816	
8	1车间	六角螺丝	2020/9/4	2020/9/14	1606	
9	1车间	汽车螺母	2020/9/3	2020/9/13	1518	
10	1车间	六角螺丝	2020/9/2	2020/9/12	1789	
11	1车间	汽车螺母	2020/9/1	2020/9/11	1108	
12	1车间	圆形螺栓	2020/8/29	2020/9/8	1489	
13	1车间	平头铆钉	2020/8/28	2020/9/7	1168	
14	1车间	六角螺丝	2020/8/27	2020/9/6	1954	
15	2车间	圆形螺栓	2020/9/9	2020/9/19	1142	
16	2车间	六角螺丝	2020/9/8	2020/9/18	1487	
17	2车间	汽车螺母	2020/9/5	2020/9/15	1429	
18	2车间	圆形螺栓	2020/9/4	2020/9/14	1180	
19	2车间	圆形螺栓	2020/9/3	2020/9/13	1314	

生产进度数据统计

图1-5

因此，在进行数据分析工作时，数据分析工作者可以从公司的数据库系统或者资料库中调取所需的资料。

2.从网络公开数据源获取数据

在规划公司的战略方针或者发展方向时，会从公司的全局角度来展开数据分析工作，此时会对公司所处的行业、竞争公司的运营情况进行分析，这就涉及行业数据或竞争公司的运营数据，这些数据都可以从网络公开的数据源获取，或者从竞争公司披露到网络中的公开数据获取。

3.利用问卷调查获取数据

在进行市场分析或者制度方案优化时，问卷调查是最常见的数据搜集手段。通过问卷调查方式，可以快速获取当下最新的现状资料，而且利用问卷调查的方式获取数据，其针对性非常强，因此对于数据分析工作是最有用的第一手资料。

但是根据不同的情况，开展问卷调查的方式又有多种，下面介绍两种常见的问卷调查方式供大家参考，具体如表1-2所示。

表1-2

问卷方式	具体描述
纸质问卷调查	传统的问卷调查，公司通过雇佣临时人员或派遣员工分发纸质问卷，调查对象填制完问卷后回收答卷。通过该方式获得数据与统计结果较麻烦，且成本较高
网络问卷调查	现在有许多在线问卷调查网站，这些网站提供设计问卷、发放问卷和分析结果等一系列服务。公司依靠这些网站来进行问卷调查，通过这种方式可以无地域限制地扩大调查范围，而且成本相对低廉，只是答卷的质量无法保证

需要特别说明的是，通过问卷调查获得的数据资料虽然针对性较强，但是也会存在误差，因此调查数据只能做参考，不能完全只依据调查结果来确定最终的决策方案。

1.2.3 清洗并加工数据源，根据分析目的完成数据分析

对于收集到的资料，都是不能直接使用的，需要对其进行处理。尤其对于从网络获取的资料或者通过问卷调查获取的资料，大都是一些零散的数据，而且格式也不规范，为了方便后期的数据分析工作，都需要对这些数据进行清洗，如剔除多余数据、将数据规范化展示等，使其能够便于使用数据分析工具进行分析。

对于有些数据，还可能涉及二次加工的情况，例如对于问卷调查数据，还要利用公式统计调查问卷份数、调查问卷结果的分布情况等。

完成数据的清洗加工后，就可以选择对应的数据分析工具，针对之前提出的分析目的，开展数据分析工作。

虽然数据分析工具很多，但是对于一般的数据分析，都可以通过Excel来完成，尤其对于数据量较大的数据分析工作，利用Excel的数据透视表功能可以非常方便地生成各种汇总报表，方便对数据进行分析，这也是本书将要重点介绍的内容。

1.2.4 选择制作工具，制作所需数据分析报告

在数据分析工作完成之后，就要制作数据分析报告了。对于数据分析报告，其用途通常有3种，分别利用不同的工具来制作：第一种是利用Word工具制作的数据分析报告文档，第二种是利用Excel工具制作的电子表格报表，第三种是利用PPT工具制作的数据分析报告演示文稿。

不同工具制作的数据分析报告，在其制作时需要注意的事项是不一样的，对数据的展现程度也是不一样的。下面分别进行了解。

1.利用Word工具制作的数据分析报告文档

利用Word工具制作的数据分析报告是所有报告类型中最详细的一种报告，其结构要求严谨、系统，通常这类文档都需要打印出来装订成册。如下

所示为一般Word文档的数据分析报告需要体现的结构。

封面

目录

第一章 项目概述

[项目介绍、项目背景、主要指标、项目存在的问题及建议等]

第二章 项目市场研究分析

[项目外部环境分析、市场特征分析及市场竞争结构分析]

第三章 项目数据的采集分析

[数据采集的内容、程序等]

第四章 项目数据分析采用的方法

[定性分析方法和定量分析方法]

第五章 资产结构分析

[资产构成的基本情况、资产增减变化及原因、资产结构合理性评价]

第六章 负债及所有者权益结构分析

[短期借款的构成情况、长期负债的构成情况、负债增减变化的原因、权益增减变化分析和权益变化的原因]

第七章 利润结构预测分析

[利润总额及营业利润的分析、经营业务的盈利能力分析及利润的真实判断性分析]

第八章 成本费用结构预测分析

[总成本的构成和变化情况、经营业务成本控制情况、营业费用、管理费用与财务费用的构成和评价分析]

第九章 偿债能力分析

[支付能力分析、流动及速动比率分析、短期偿还债务能力变化和付息能力分析]

第十章 公司运作能力分析

[存货、流动资产、总资产、固定资产、应收账款及应付账款的周转天数

及变化原因分析，现金周期及营业周期分析等]

第十一章 盈利能力分析

[净资产收益率及变化情况分析，资产报酬率、成本费用利润率等变化情况及原因分析]

第十二章 发展能力分析

[销售收入及净利润增长率分析、资本增长性分析及发展潜力情况分析]

第十三章 投资数据分析

[经济效益和经济评价指标分析等]

第十四章 财务与敏感性分析

[生产成本和销售收入估算、财务评价、财务不确定性与风险分析、社会效益和社会影响分析等]

第十五章 现金流量估算分析

[投资现金流量的分析和编制]

第十六章 经营风险分析

[经营过程中可能出现的各种风险分析]

第十七章 项目数据分析结论与建议

第十八章 财务报表

第十九章 附件

2.利用Excel工具制作的电子表格数据报表

对于利用Excel工具制作的电子表格的数据分析报告，通常有三个主要结构，一是标题，二是报告主体，三是附注说明。

这种数据报告，其重点在于对数据的处理与分析，报告主体通常是各种结构的表格、数据透视表及图表等内容，如图1-6所示为使用数据透视表制作的商品月销售报表。

	A	B	C	D	E	F	G	H
3	**求和项:金额**		**商品类型**					
4	**地区**	**城市**	**国标丝杆**	**六角螺母**	**螺纹套**	**膨胀螺丝钉**	**轴承**	**总计**
5	**东北**	赤峰	3800.914				9379.16	13180.07
6		大连		41010	37700		40009.44	118719.4
7		哈尔滨	13824	45564.8				59388.
8		沈阳		25918.2		24451		50369.
9		伊春		91838.9				91838.
10	**东北 汇总**		**17624.914**	**204331.9**	**37700**	**24451**	**49388.6**	**333496.41**
11	**华北**	北京	20064		59670			7973
12		衡水	9088	46919.4				56007.
13		山西	60234.72		43200			103434.7
14		石家庄	19863.36			23050.5	90145.88	133059.7
15		太原		64762.944				64762.94
16		天津		45477.8		60299.316		105777.11
17		张家口				59412.5	8740.38	68152.8
18	**华北 汇总**		**109250.08**	**157160.144**	**102870**	**142762.316**	**98886.26**	**610928.**
19	**华东**	常州		34841.18	97644			132485.1
20		合肥	82020	3166.8			11727.066	96913.86
21		济南	42328			59385.8	47818.4476	149532.247

商品月销售报表 | 公司月营业收入结构占比分析

图1-6

这种数据分析报告的最大好处是报告使用者可以根据需要灵活调整报告输出的内容。

3.利用PPT工具制作的演示数据分析报告

利用PPT工具制作的演示数据分析报告，其作用主要是在公开场合进行演示，因此对于报告内容不可能像纸质文档那样详细，也不像电子表格那样可以对数据进行灵活处理，其重点在于对数据分析的过程和数据分析结果进行演示说明，因此报告的内容要抓取重要环节的关键信息进行呈现。对于其他辅助信息，可以让报告者在报告时现场叙述。

总的来说，演示作用的数据分析报告的结构通常采用“总—分—总”的设计思路。

总述

[分析背景与目的+分析思路]

分述

[分析正文]

总结

[结论与建议]

并且在设计幻灯片时，为了方便演示，通常也会有一个目录页，同时，也会根据目录制作过渡页，从而让观者能够了解到你介绍的内容及进度。如图1-7所示为某公司制作的财务数据报告的部分结构展示。

图1-7

以上就是常见的数据分析报告的简单介绍，从中可以看到每种数据分析报告的结构、内容构成都有非常大的差别。因此，作为报告制作者，在制作报告之前，首先要明确报告设计的意图，这样才能制作出符合需求的数据分析报告。

本书主要讲解其中的Excel数据报表的制作，让读者了解如何利用Excel工具中的数据透视表来制作符合要求的数据报表。

第 ② 章

Excel透视功能开启
数据报告制作之路

本章导读

　　能够制作数据分析报告的工具有很多，然而通过数据透视表制作数据分析报告是比较常见且实用的。通过本章的学习，相关数据分析工作者能够了解数据透视表在数据分析中的作用以及了解数据透视表的基础知识。

知识要点

- 3W1H，数据透视表的4个核心问题
- 做好知识储备，学习更高效
- 规范数据源结构，确保报表顺利创建
- 准备就绪，创建首个数据透视表

2.1 3W1H，数据透视表的4个核心问题

数据透视表是分析数据和制作数据分析报告的好帮手，数据分析工作者要想用好数据透视表进行数据分析实操，需要弄清楚数据透视表的4个核心问题，即3W1H。

2.1.1 What: 数据透视表是什么

Excel数据透视表一种交互式表格，通过它不仅能够快速对大量数据进行汇总和统计分析，还能够帮助数据分析工作者从不同角度对数据进行分类和计算，也可以重新安排表中的行号、列标和页字段。

如图2-1所示为某企业的钢材储存明细表，其中记录了各个省份各种钢材产品的具体规格型号、材质和数量等信息，由于记录时间跨度较大，总共有893条数据（这里只展示部分）。

	A	B	C	D	E	F	G	H	I
1	批号	品名	省	地	仓库	规格型号	材质	数量	订货合同号
2	1	沸腾钢中板	黑龙江	龙江县	231	5×1800×6000mm	SS41	391	85ECW401739CN
3	2	沸腾钢中板	黑龙江	龙江县	231	5×1800×6000mm	SS41	300	85ECW401739CN
4	3	沸腾钢中板	黑龙江	龙江县	231	5×1800×6000mm	SS41	300	85ECW401739CN
5	4	沸腾钢中板	黑龙江	龙江县	231	5×1800×6000mm	SS41	300	85ECW401739CN
6	5	沸腾钢中板	黑龙江	龙江县	231	5×1800×6000mm	SS41	300	85ECW401739CN
7	6	沸腾钢中板	湖北	武汉	337	16×1800×6000mm	SS41	499	85ECW401646CN
8	7	沸腾钢中板	湖北	武汉	337	16×1800×6000mm	SS41	300	85ECW401646CN
9	8	沸腾钢中板	湖北	武汉	337	16×1800×6000mm	SS41	300	85ECW401646CN
10	9	沸腾钢中板	湖北	武汉	337	16×1800×6000mm	SS41	300	85ECW401646CN
11	10	沸腾钢中板	湖北	武汉	337	16×1800×6000mm	SS41	300	85ECW401646CN
12	11	沸腾钢中板	湖北	武汉	337	16×1800×6000mm	SS41	300	85ECW401646CN
13	12	沸腾钢中板	湖北	武汉	337	16×1800×6000mm	SS41	399	85ECW401647CN
14	13	沸腾钢中板	湖北	武汉	337	16×1800×6000mm	SS41	300	85ECW401647CN
15	14	沸腾钢中板	湖北	武汉	337	16×1800×6000mm	SS41	300	85ECW401647CN
16	15	沸腾钢中板	湖北	武汉	337	12×1800×6000mm	SS41	57	85ECW401656CN
17	16	沸腾钢中板	吉林	白城	237	5×1800×6000mm	SS41	200	85ECW401643CN
18	17	沸腾钢中板	吉林	白城	237	5×1800×6000mm	SS41	300	85ECW401643CN
19	18	沸腾钢中板	吉林	白城	237	5×1800×6000mm	SS41	300	85ECW401643CN
20	19	沸腾钢中板	吉林	白城	237	5×1800×6000mm	SS41	300	85ECW401643CN
21	20	沸腾钢中板	吉林	白城	237	5×1800×6000mm	SS41	300	85ECW401643CN

图2-1

现在需要根据表中的数据统计出各个省份不同型号的钢材数量以及各类钢材的总量，如果通过计算方法则需要分别找到不同省份的各种钢材的数据进行求和，不仅浪费时间，而且容易出错。使用数据透视表则可以快速进

行汇总，不需要进行计算，拖动相应的字段即可快速创建一张汇总报表，如图2-2所示。

	A	B	C	D	E	F	G
3	求和项:数量	品名					
4		大型普通工字钢	低压流体用焊管	沸腾钢中板	冷拔合结钢无缝管	冷轧薄板	冷轧不锈钢薄
11	河南	1002				16888	
12	黑龙江			1591		5689	
13	湖北			3055		7470	
14	湖南				5		
15	吉林			2000		2960	
16	江西					341	
17	辽宁					1797	
18	内蒙					2558	
19	宁夏	1		5645		2366	
20	青海					1339	
21	山东					8321	26
22	山西					5010	
23	陕西					2148	
24	上海					6689	
25	四川						
26	总计	1002.804	1333.296	12291.442	4.553	77427.5	3

图2-2

使用数据透视表不仅可以从大量的数据中快速分析出需要的数据和信息，还可以通过改变数据透视表的结构来改变表格的显示内容。

如图2-3左图所示为使用钢材名、年份和数量字段，统计出的各种钢材不同年份的存储量。在图2-3右图中，通过改变数据透视表的表格结构，使用钢材名和仓库两个字段，统计出不同钢材的仓库数量平均数。

	A	B	C	D	E	F
1						
2						
3	求和项:数量	年份				
4	钢材名	2015	2016	2017	2018	201
5	大型普通工字钢	1003				
6	低压流体用焊管	1333				
7	沸腾钢中板			1591	10700	
8	冷拔合结钢无缝管			5		
9	冷轧薄板	36366	19192	9556	2	186
10	冷轧不锈钢薄板	262	92			
11	冷轧镀锡薄板	1370		2873	7389	
12	冷轧镀锌薄板		9604	2056		
13	冷轧取向矽钢片	2				
14	冷轧碳结薄板		948			
15	汽车大梁用中板			37		
16	取向矽钢片	14928		78		220
17	热轧不锈圆钢		21			
18	热轧滚珠轴承钢	2368				

	A	B
1		
2		
3	钢材名	平均值项:仓库
4	大型普通工字钢	453
5	低压流体用焊管	534
6	沸腾钢中板	406
7	冷拔合结钢无缝管	336
8	冷轧薄板	358
9	冷轧不锈钢薄板	230
10	冷轧镀锌薄板	515
11	冷轧镀锡薄板	283
12	冷轧取向矽钢片	535
13	冷轧碳结薄板	133
14	汽车大梁用中板	334
15	取向矽钢片	362
16	热轧不锈圆钢	339
17	热轧滚珠轴承钢	248
18	热轧碳结圆钢	406

图2-3

2.1.2 Why: 为什么使用数据透视表

数据分析工作者通常需要对大量的数据进行整理分析，最终得到数据分析报告，这些工作使用数据透视表都能很好地完成。其主要功能如下所示。

● **提高报告的生成效率** Excel数据透视表能够快速汇总、分析、浏览和显示所需数据，对原始数据进行多维度展现。此外，数据透视表还能够完成数据的筛选、排序等操作，并生成汇总表格，充分展示了Excel强大的数据处理能力。

● **实现Excel的一般功能** 数据透视表几乎涵盖了Excel中大部分的用途，包括图表、排序、筛选、计算和函数等，功能十分强大。

● **实现人机交互** 数据透视表中还提供了切片器、日程表等交互工具，可以实现数据透视表报告的人机交互操作，这也是数据透视表中较为重要的功能。

● **数据分组处理** 创建一个数据透视表以后，可以任意地重新排列表格数据信息，并且还可以按照需要的方式将数据进行分组，这样可以更方便地进行数据分析。

Excel数据透视表功能强大，能够轻松解决日常工作中的数据处理和分析工作，使得越来越多的人开始使用数据透视表进行数据分析和制作数据分析报告。

2.1.3 When: 什么时候应该使用数据透视表

前面介绍到数据透视表功能十分强大，具备Excel中大部分的功能，如果用户需要对大量数据进行多条件统计分析，从中获取有价值的信息，并且需要随时改变分析内容和计算方法，则使用数据透视表较为方便。

通常情况下，在如图2-4所示的这些情况下使用数据透视表进行分析较为便捷。

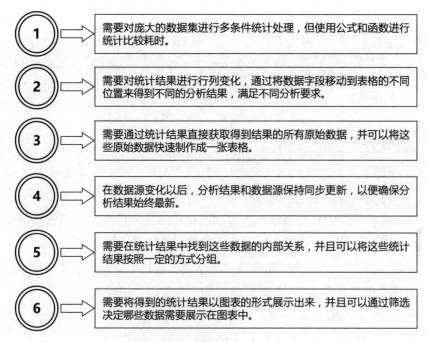

1 需要对庞大的数据集进行多条件统计处理，但使用公式和函数进行统计比较耗时。

2 需要对统计结果进行行列变化，通过将数据字段移动到表格的不同位置来得到不同的分析结果，满足不同分析要求。

3 需要通过统计结果直接获取得到结果的所有原始数据，并可以将这些原始数据快速制作成一张表格。

4 在数据源变化以后，分析结果和数据源保持同步更新，以便确保分析结果始终最新。

5 需要在统计结果中找到这些数据的内部关系，并且可以将这些统计结果按照一定的方式分组。

6 需要将得到的统计结果以图表的形式展示出来，并且可以通过筛选决定哪些数据需要展示在图表中。

图2-4

2.1.4 How：如何使用数据透视表

Excel属于Office办公软件中的一个组件，从诞生开始就一直在发生变化和不断改进。数据透视表作为Excel中的重要功能，也在不断发生变化。本书主要以Office 2016为操作软件，介绍Excel中数据透视表在数据分析工作中的操作方法。

1.数据透视表的使用基础

在Excel 2016中创建数据透视表的方法十分简单，通过"创建数据透视表"对话框即可快速完成数据透视表的创建。

首先打开需要创建数据透视表进行分析的工作表，单击"插入"选项卡"表格"组中的"数据透视表"按钮，在打开的"创建数据透视表"对话框中选择数据源，单击"确定"按钮即可完成创建一张空白数据透视表，如图2-5所示。

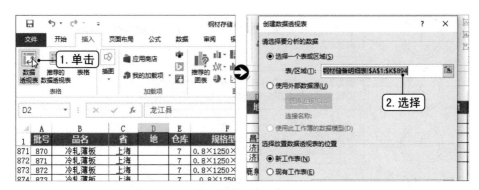

图2-5

在Excel 2016中对数据透视表布局的操作则更为简单，只需要将需要的字段拖动到相应的字段区域，即可快速对数据透视表进行布局。

如图2-6所示，首先在"数据透视表字段"窗格中选择需要布局的字段，按住鼠标左键将其拖动到对应的区域，即可快速进行字段布局。

图2-6

2.哪些数据能够作为数据透视表的数据源

使用数据透视表可以对多种表格数据进行分析，可以是Excel自身创建的表格，也可以是其他文件中保存的表格类数据，主要有4种，分别是Excel数据列表、外部数据源、多个独立的Excel列表和其他数据透视表。

虽然这些数据可以作为数据透视表的数据源，但并不是说只要是这些数据就能作为数据透视表的数据源。

例如在以Excel数据列表为数据源时，需要满足如图2-7所示的条件，才能确保数据透视表的各项功能正常使用。

数据列表应满足的条件

数据区域的最顶端一行为字段名称（标题），避免在数据区域中出现合并单元格。

避免数据清单中存在空行和空列，即避免某行或某列存在没有任何数据的情况。

各列只包含一种类型数据，即某列只能全部是文本或全部是数值数据，不能一些是文本，一些是数值数据。

避免在单元格的开头或末尾输入空格，空格虽然肉眼难以识别，但是Excel会将包含空格的数据和不含空格的数据识别为不同数据。

避免在一张工作表中建立多个数据源清单，每张工作表最好仅使用一个数据源清单，工作表清单应当与其他数据至少留出一个空列和空行。

数据透视表不要包含总计行和总计列，因为数据透视表会将总计行和总计列当作普通数据进行处理，使分析结果出错。

同一列中的数据应该是同一类数据，不能在同一列中既存在明细数据，又有对这些数据明细的分类类别。

图2-7

2.2 做好知识储备，学习更高效

数据分析人员要想使用数据透视表做好数据处理分析，制作数据分析报告，就有必要学好数据透视表的基础知识，这其中主要包括了解数据透视表四大区域、了解数据透视表的常用术语以及认识"数据透视表工具"选项卡组3个方面。

2.2.1 了解数据透视表四大区域

数据透视表从结构上来看，可以分为4个部分，分别是行区域、列区域、筛选区域和值区域，如图2-8所示。

	A	B	C	D	
1	订单日期	(全部)	▼		筛选区域 / 列区域
2					
3	求和项:金额	经手人	▼		
4	地区 ▼	何阳	李晓燕	赵梅	总计
5	东北	¥ 210,558.34	¥ 13,180.07	¥ 109,758.00	¥ 333,496.41
6	华北	¥ 79,734.00	¥ 333,372.12	¥ 197,822.68	¥ 610,928.80
7	华东	¥ 169,037.90	¥ 183,119.11	¥ 253,534.88	¥ 605,691.90
8	华南	¥ 197,087.24	¥ 78,733.48	¥ 154,653.75	¥ 430,474.47
9	华中	¥ 110,823.98	¥ 195,408.00	¥ 313,791.47	¥ 620,023.45
10	西北	¥ 86,393.40	¥ 138,154.52	¥ 200,026.55	¥ 424,574.48
11	西南	¥ 216,786.60	¥ 46,598.18	¥ 52,510.60	¥ 315,895.38
12	总计	¥ 1,070,421.46	¥ 988,565.49	¥ 1,282,097.93	¥ 3,341,084.88

图2-8

数据透视表的4个区域都有各自的作用，具体介绍如下。

● **行区域** 位于数据透视表的左侧，该区域中的字段将作为数据透视表的行标签。每个字段中的每一项显示在区域的每一行中，通常用于放置一些可用于进行分组或分类的内容。

● **列区域** 位于数据透视表的顶部，由数据透视表各列顶端的标题组成。每个字段中的每一项显示在列区域中的每一列中，通常用于放置一些可以随时间变化的内容。

● **筛选区域** 位于数据透视表的最上方，由一个或多个下拉列表组成，通过选择下拉列表中的选项，可以一次性对整个数据透视表中的数据进行筛选，通常用于放置一些重点分析的内容。

● **值区域** 该区域中的数据是对数据透视表中行字段和列字段数据的计算和汇总，一般值区域的数据都是可以运算的。

需要注意的是，数据透视表中的各个区域与"数据透视表字段"窗格中的字段布局区域相对应，具体如图2-9所示。

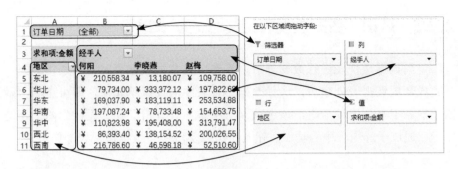

图2-9

2.2.2 了解数据透视表的常用术语

在学习使用数据透视表之前，了解数据透视表的常用术语是非常有必要的，可以帮助学习者提高学习效率。

数据透视表的常用术语介绍如下所示。

● 源数据 用来创建数据透视表的数据，该数据可以位于工作表中，也可位于一个外部的数据库中。

● 字段 数据源中各列顶部的标题，每个字段代表一类数据。根据字段所处的区域不同，可以将字段分为报表筛选字段、行字段、列字段以及值字段。

● 轴 数据透视表中的一维，如行、列、页等。

● 项 项是每一个字段包含的数据，表示数据源中字段的唯一条目。

● 总计 在数据透视表中为一行或一列的所有单元格显示总和的行或列，可以指定为行或为列求和。

● 组 作为单一项目看待的一组项目的集合，可以手动或自动地为项目分组，例如，把日期归纳为月份。

● 分类汇总 在数据透视表中，显示行或列中的详细单元格的分类汇总。

● 刷新 在改变源数据后，重新自动计算数据透视表中的数据。

● 汇总函数 计算表格中数据值的函数，如求和、计数和平均值等。

2.2.3 认识"数据透视表工具"选项卡组

使用数据透视表进行数据分析，需要了解数据透视表对应的选项卡组。在完成数据透视表创建后，选择数据透视表中的任意单元格，即可激活"数据透视表工具"选项卡组，该选项卡组中包含"分析"和"设计"两个子选项卡，通过子选项卡中的功能按钮几乎可以实现所有数据透视表操作。

1."数据透视表工具 分析"选项卡介绍

"数据透视表工具 分析"选项卡中主要包含9个功能组，分别是数据透视表、活动字段、分组、筛选、数据、操作、计算、工具和显示，具体如图2-10所示。

图2-10

这9个功能组中的功能按钮/命令有不同的作用，能实现不同的操作，具体的功能介绍如表2-1所示。

表2-1

功能组	按钮名称/命令	功能介绍
数据透视表	选项	打开"数据透视表选项"对话框
	显示报表筛选页	创建一系列链接在一起的报表，每张报表中显示筛选页字段中的一项
	生成GetPivotData	调用数据透视表函数GetPivotData()，从数据透视表中获取数据
活动字段	展开字段	展开活动字段的所有项
	折叠字段	折叠活动字段的所有项

功能组	按钮名称/命令	功能介绍
活动字段	字段设置	打开"字段设置"对话框
	向上钻取	显示此项目的上一级
	向下钻取	显示此项目的子向
分组	组选项	对数据透视表进行手动分组
	取消组合	取消数据透视表组合项
	组字段	对日期或数字字段进行自动组合
筛选	插入切片器	使用切片器快速且轻松地筛选表、数据透视表和数据透视图等
	插入日程表	使用日程表控件以交互式筛选数据
	筛选器连接	管理数据透视表连接到哪些筛选器
数据	刷新	重新计算数据透视表
	更改数据源	更改数据透视表的原始数据区域及外部数据的连接属性
操作	清除	删除字段、格式和筛选器
	选择	选择一个数据透视表元素
	移动数据透视表	将数据透视表移动到工作簿中的其他位置
计算	字段、项目和集	创建和修改计算字段和计算项
	OLAP工具	使用连接到OLAP数据源的数据透视表
	关系	创建或编辑表格之间的关系，以在同一份报表上显示来自不同表格的相关数据
工具	数据透视图	插入与此数据透视表中的数据绑定的数据透视图
	推荐的数据透视表	可获取系统认为最合适的一组自定义数据透视表
显示	字段列表	显示或隐藏"数据透视表字段"窗格
	+/-按钮	展开或折叠数据透视表的项目
	字段标题	显示或隐藏数据透视表行、列的字段标题

2."数据透视表工具 设计"选项卡介绍

"数据透视表工具 分析"选项卡主要用于分析数据，而"数据透视表工具 设计"选项卡主要用于对数据透视表进行布局和样式设置。"数据透视表工具 设计"选项卡如图2-11所示。

图2-11

"数据透视表工具 设计"选项卡中主要包括布局、数据透视表样式选项和数据透视表样式共3个功能组，各功能组的具体功能如表2-2所示。

表2-2

功能组	按钮名称命令	功能介绍
布局	分类汇总	移动分类汇总的位置或关闭分类汇总
	总计	开启或关闭行或列的总计
	报表布局	设置数据透视表的显示方式，主要包括压缩、大纲和表格3种
	空行	在每个分组项之间添加一个空行，从而突出分组
数据透视表样式选项	行标题	将数据透视表行字段标题显示为特殊样式
	列标题	将数据透视表列字段标题显示为特殊样式
	镶边行	对数据透视表中的奇、偶行应用不同颜色相间的样式
	镶边列	对数据透视表中的奇、偶列应用不同颜色相间的样式
数据透视表样式	浅色	提供了28种浅色数据透视表样式和1种无填充色样式
	中等深浅	提供了28种中等深浅数据透视表样式
	深色	提供了28种深色数据透视表样式
	新建数据透视表样式	用户可以自定义数据透视表样式
	清除	清除已应用的数据透视表样式

2.3 规范数据源结构，确保报表顺利创建

创建数据透视表的数据源应当规范，数据分析工作人员在创建数据透视表之前应当确保数据源符合要求，对于不符合要求的数据源应进行规范调整。

2.3.1 删除数据表中的空行和空列

在一些数据表中，为了数据方便查看或是区分数据之间的关系，会使用空行或空列将其隔开。在使用该数据源创建数据透视表时无法使用全部的数据区域创建数据透视表。此时，应当对数据源进行整理，删除空行或空列。

下面以在"出差费用报销表"工作簿中删除空白行为例讲解具体操作。

案例精解

删除出差费用报销表中的空白行

本节素材	◎/素材/Chapter02/出差费用报销表.xlsx
本节效果	◎/效果/Chapter02/出差费用报销表.xlsx

步骤01 打开"出差费用报销表"素材文件，单击"开始"选项卡"编辑"组中的"查找和选择"下拉按钮，选择"查找"命令（或直接按【Ctrl+F】组合键），如图2-12所示。

步骤02 在打开的"查找和替换"对话框中直接单击"查找全部"按钮，然后按【Ctrl+A】组合键选择表格中的所有空行，如图2-13所示。

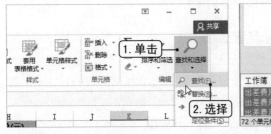

图2-12

图2-13

步骤03 关闭"查找和替换"对话框，在被选中的任意单元格上右击，在弹出的快捷菜单中选择"删除"命令，如图2-14所示。

步骤04 在打开的"删除"对话框中选中"整行"单选按钮，单击"确定"按钮即可完成删除，如图2-15所示。

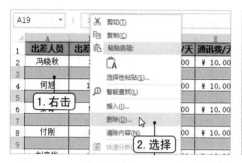
图2-14

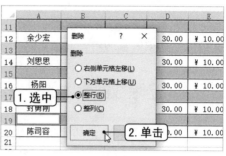
图2-15

2.3.2 删除数据区域中的小计行

对于许多需要进行数据统计和计算的表格中都会存在小计或是合计行，然而在使用数据透视表时，这些合计行却会影响数据分析结果，且在数据透视表中会自动加上小计行，因此在创建数据透视表之前，通常会删除数据源中的小计行。

下面以在"商品销售数据分析"工作簿中删除数据区域中的小计行为例讲解具体操作。

案例精解

删除商品销售数据分析表中的小计行

本节素材	◎/素材/Chapter02/商品销售数据分析.xlsx
本节效果	◎/效果/Chapter02/商品销售数据分析.xlsx

步骤01 打开"商品销售数据分析"素材文件，选择任意数据单元格，单击"开始"选项卡"编辑"组中的"查找和选择"下拉按钮，选择"查找"命令，如图2-16所示。

步骤02 在打开的"查找和替换"对话框中直接单击"选项"按钮，然后单击"格式"按钮右侧的下拉按钮，选择"格式"命令，如图2-17所示。

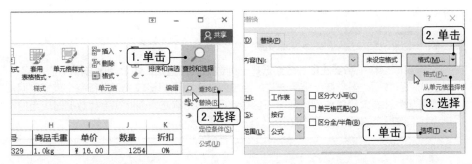

图2-16　　　　　　　　　　　　　图2-17

步骤03 在打开的"查找格式"对话框中单击"字体"选项卡，在"字形"下拉列表框中选择"加粗"选项，如图2-18所示，单击"确定"按钮。

步骤04 返回到"查找和替换"对话框中直接单击"查找全部"按钮，然后按【Ctrl+A】组合键选择表格中的所有字体加粗格式所在的单元格，如图2-19所示。

图2-18　　　　　　　　　　　　　图2-19

步骤05 关闭"查找和替换"对话框，在被选中的任意单元格上右击，在弹出的快捷菜单中选择"删除"命令，如图2-20所示。

步骤06 在打开的"删除"对话框中选中"整行"单选按钮，单击"确定"按钮即可完成删除，如图2-21所示。

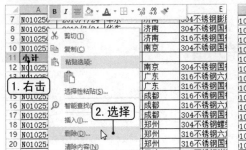

图2-20

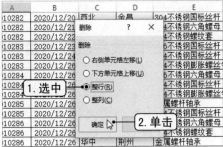

图2-21

知识延伸 | 查找合计行注意事项

在实际操作中需要注意，应当选择一列数据进行查找，如上例可选择A列，而不是查找所有数据，虽然最终结果一样，但是如果表格数据量较大，进行整个表格数据查找可能会耗费大量的时间，还有可能导致Excel无响应，因此在查找数据时应当控制查找的数据源的量，这样才能更高效。

2.3.3 更改数据表排列顺序

通常情况下，在制作数据表时，为了方便数据记录，可能导致数据顺序混乱，面对这类表格，在创建数据透视表之前需要将数据表中的数据进行整理，然后才能作为数据源使用。

要进行数据的行列移动，如果方法不当，则会增加不必要的工作量。下面以将"年度考核"工作簿中的"员工姓名"列移动到"员工编号"列右侧为例进行具体介绍。首先单击A列列标选择该列，将鼠标光标移到该列边缘位置，使鼠标光标呈四向箭头形状，按下鼠标左键并拖动鼠标，即可进行移动，如图2-22所示。

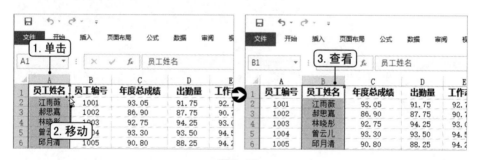

图2-22

2.3.4 去除表头区域的合并单元格

在Excel中，程序会自动识别第一行为二维表格的表头区域，在数据表制作过程中，有时为了美观或了解表格内容，会在首行通过合并单元格添加标题，但是这种表格不能作为数据透视表的数据源，标题对于数据分析也没有用处，因此需要将其删除。

如图2-23所示，选择标题所在的行，右击，选择"删除"命令即可。

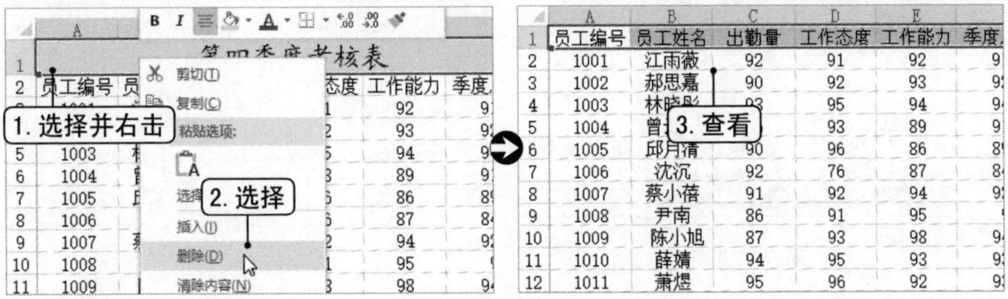

图2-23

2.4　准备就绪，创建首个数据透视表

前面几节内容已经具体介绍了数据透视表的核心问题、数据透视表基础知识以及数据透视表的数据源规范，接下来就要开始创建一个数据透视表，了解数据透视表的操作。

下面以在"员工档案表"工作簿中创建数据透视表分析各部门员工的学历情况为例，讲解具体操作。

案例精解

创建数据透视表分析各部门员工的学历构成

本节素材	◎/素材/Chapter02/员工档案表.xlsx
本节效果	◎/效果/Chapter02/员工档案表.xlsx

步骤01 打开"员工档案表"素材文件，选择任意数据单元格，单击"插入"选项卡"表格"组中的"数据透视表"按钮，如图2-24所示。

步骤02 在打开的"创建数据透视表"对话框中选中"新工作表"单选按钮，单击"确定"按钮，如图2-25所示。

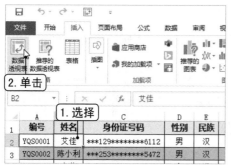

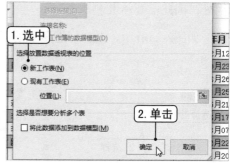

图2-24 图2-25

步骤03 在打开的"Sheet2"工作表右侧的"数据透视表字段"窗格中单击"工具"按钮，选择"字段节和区域节并排"选项更改窗格的排列结构，如图2-26所示。

步骤04 分别将"姓名"字段拖动到"值"区域；将"学历"字段拖动到"行"区域；将"部门"字段拖动到"列"区域，如图2-27所示。

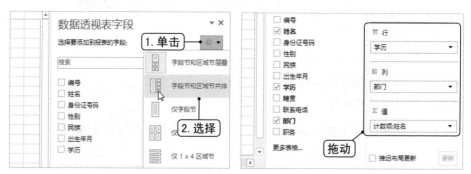

图2-26 图2-27

步骤05 在左侧的数据透视表中即可查看到最终的布局效果，从中即可快速了解各部门员工的学历情况，如图2-28所示。

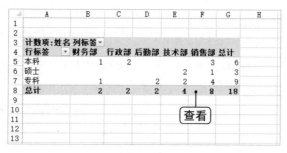

计数项:姓名	列标签					
行标签	财务部	行政部	后勤部	技术部	销售部	总计
本科	1	2			3	6
硕士				2	1	3
专科	1		2	2	4	9
总计	2	2	2	4	8	18

图2-28

第③章

调整报告布局这些要点
要掌握

本章导读

默认创建的数据透视表只是将数据源的指定字段添加到了透视表中，并按默认的布局或汇总方式形成一张简单的汇总报表。对于该布局结构，我们可以根据需要对其进行编辑或调整，使其更符合实际需要。

知识要点

- 了解基本操作，快速布局报表
- 布局设置，按照要求布局透视表
- 反本还原，获取透视表的数据源

3.1 了解基本操作，快速布局报表

使用Excel数据透视表进行数据分析之前，还需要了解数据透视表相关的基本操作，这样才能够提高效率，方便数据分析工作者快速对报表进行布局，完成数据分析工作。

3.1.1 移动和删除数据透视表字段

对于已经完成的数据透视表，其中的字段还可以进行移动和删除，从而使数据透视表满足分析需求。

1.移动字段

用户在进行数据分析过程中，通过不断变换字段的区域位置可以得到不同的汇总报表，对于不同区域之间字段的移动，直接选择该字段后按住鼠标左键不放将其拖动到其他区域即可。如果某个区域中有多个字段，除了拖动字段调整其位置，还可以通过命令来移动字段的位置。

下面以调整"行"区域中字段的顺序更改报表布局结构为例介绍移动字段更改报表分析结果的相关操作。

案例精解
通过移动字段分析各部门人员的学历情况

| 本节素材 | ◎/素材/Chapter03/员工档案表.xlsx |
| 本节效果 | ◎/效果/Chapter03/员工档案表.xlsx |

步骤01 打开"员工档案表"素材文件，单击"Sheet1"工作表标签打开数据透视表，在"数据透视表字段"窗格中选中"姓名""部门"字段前的复选框，如图3-1所示。

步骤02 把"学历"字段和"姓名"字段分别拖动到"列"区域和"值"区域，如图3-2所示。

图3-1   图3-2

步骤03 单击"行"区域中的"姓名"字段对应的下拉按钮，选择"下移"选项，如图3-3所示。

步骤04 完成数据透视表布局操作后，即可查看到最终的布局效果，如图3-4所示。

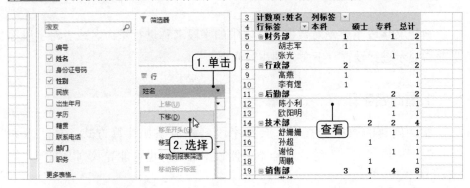

图3-3   图3-4

2.删除字段

在分析过程中，如果某些字段不再需要，则可以将其删除，避免影响分析结果。删除字段也有多种方法，具体如下。

● **通过拖动方式删除** 和添加字段相似，通过拖动的方式将需要删除的字段拖出字段区域即可完成删除。

● **通过复选框删除** 直接取消选中字段列表中需要删除的字段前的复选框，即可删除字段，如图3-5左图所示。

● **通过下拉菜单删除** 在字段区域中单击要删除的字段，在弹出的下拉菜单中选择"删除"命令，即可删除该字段，如图3-5右图所示。

图3-5

3.1.2 自定义字段

自定义字段主要是对数据透视表中的字段名称进行重命名或者对字段标题是否显示进行设置，下面分别进行介绍。

1.重命名字段

默认创建的数据透视表，会在字段名称前添加计算方式，如"求和项："平均值项："等，这样不方便数据查阅，也可能导致列宽增加，如图3-6所示。

钢材名	平均值项:仓库	求和项:数量	计数项:省	
大型普通工字钢	453	1003	5	
低压流体用焊管	534	1333	5	
沸腾钢中板	406	12291	43	
冷拔合结钢无缝管	336	5	1	
冷轧薄板	358	77428	291	
冷轧不锈钢薄板	230	354	3	
冷轧镀锡薄板	515	11632	46	

图3-6

重命名字段的方法主要有三种，具体介绍如下。

● 通过编辑栏重命名 选择需要重命名的字段标题，在编辑栏中输入新的字段标题，按【Ctrl+Enter】组合键完成重命名，如图3-7所示。

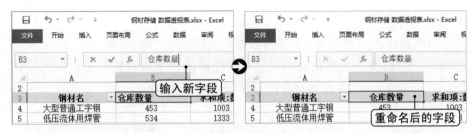

图3-7

● **通过对话框重命名** 直接双击需要重命名的字段的单元格，在打开的"值字段设置"对话框的"自定义名称"对话框中输入新名称即可，如图3-8所示。

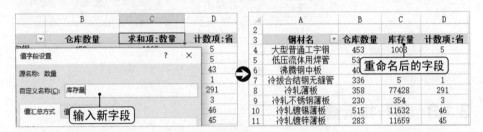

图3-8

● **通过查找替换重命名** 在数据透视表所在工作表中打开"查找和替换"对话框，将字段名称前的计算方式替换为空格即可，如图3-9所示。需要注意，这里是空格，即在"替换为"下拉列表框中输入一个空格。如果不做任何设置，重命名操作会失败。因为除去计算方式与冒号后的名称为默认的字段名称，重命名的名称不能是默认的字段名称。

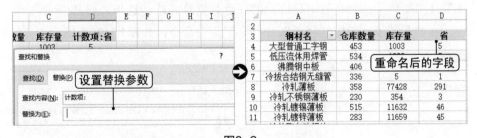

图3-9

2.隐藏字段标题

在使用数据透视表的过程中，如果用户不希望在数据透视表中显示行列字段的标题，则可以通过"数据透视表工具 分析"选项卡中的按钮对其进行隐藏，其具体操作如下。

首先选择数据透视表中的任意数据单元格激活"数据透视表工具 分析"选项卡，然后单击该选项卡中"显示"组中的"字段标题"按钮即可，如图3-10所示。（再次单击该按钮即可显示字段标题）

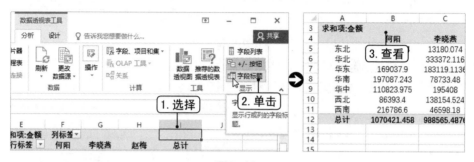

图3-10

3.1.3 展开和折叠字段

当数据透视表中使用了多个行字段时，字段之间就会存在主次关系，这时就会在高层级的字段上显示"+"或"-"按钮，可以通过该按钮展开或折叠较低层级的字段。

展开所有字段有两种操作，一是在目标列选择任意数据单元格，单击"数据透视表工具 分析"选项卡"活动字段"组中的"展开字段"按钮，如图3-11左图所示；二是右击目标列的任意数据单元格，选择"展开/折叠"命令，在弹出的子菜单中选择"展开整个字段"命令，如图3-11右图所示。

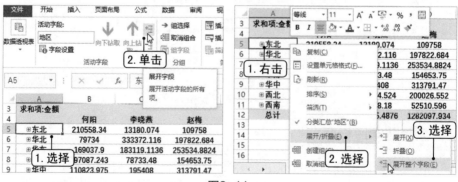

图3-11

知识延伸｜展开或折叠某些活动字段

要展开或折叠某些活动字段进行查看时，除了通过单击"+"和"-"按钮或快捷菜单的方式实现，也可以在目标活动字段上双击进行展开和关闭。

3.1.4　水平/垂直并排显示筛选字段

在使用数据透视表的过程中，有时需要设置多个筛选字段对报表数据进行筛选。默认情况下，系统会将多个筛选字段垂直排列显示，这样会一次占用多行，不利于进行阅读，这时就需要改变多个筛选字段的排列方式。

下面以在"员工工资表"工作簿中将筛选字段的排列方式设置为水平并排显示为例介绍具体操作。

案例精解

设置筛选字段的排列方式为水平并排

本节素材	◎/素材/Chapter03/员工工资表.xlsx
本节效果	◎/效果/Chapter03/员工工资表.xlsx

步骤01 打开"员工工资表"素材文件，在数据透视表中的任意数据单元格上右击，在弹出的快捷菜单中选择"数据透视表选项"命令，如图3-12所示。

步骤02 在打开的"数据透视表选项"对话框中单击"布局和格式"选项卡，在"在报表筛选区域显示字段"下拉列表框中选择"水平并排"选项，在"每行报表筛选字段数"数值框中输入"2"，如图3-13所示，单击"确定"按钮确认设置。

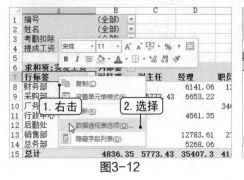

图3-12

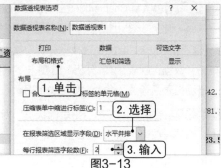

图3-13

🔵 步骤03 在返回的工作表中即可查看到报表中的筛选字段变为了水平排列，每行显示两个，如图3-14所示。

图3-14

3.1.5　将每一个筛选结果进行单独保存

与Excel的筛选功能相同，在数据透视表中执行筛选操作时，其筛选结果也是临时显示，当更换筛选条件后，上一次的筛选结果就被替换了。那么，能否将每次的筛选结果进行单独保存呢？答案是肯定的。

例如，在"商品销售数据分析"工作簿中创建的数据透视表已经分析了不同地区销售人员的具体销售情况，并且通过筛选器筛选不同商品的销售情况。现需要在此基础上，将不同商品的销售的具体情况通过不同工作表进行保存，其具体操作如下。

案例精解

将不同商品的销售情况进行单独保存

本节素材	◎/素材/Chapter03/商品销售数据分析.xlsx
本节效果	◎/效果/Chapter03/商品销售数据分析.xlsx

🔵 步骤01 打开"商品销售数据分析"素材文件，选择数据透视表中的任意数据单元格，单击"数据透视表工具 分析"选项卡下"数据透视表"组中的"选项"下拉按钮，选择"显示报表筛选页"命令，如图3-15所示。

🔵 步骤02 在打开的"显示报表筛选页"对话框中选择要显示报表筛选页的字段，然后单击"确定"按钮，如图3-16所示。

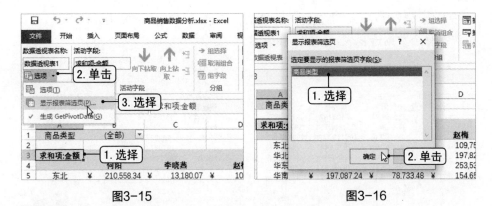

图3-15	图3-16

步骤03 返回到工作簿中即可发现，工作簿中出现了每种筛选字段对应的工作表，单击工作表标签即可查看对应的筛选结果，如图3-17所示。

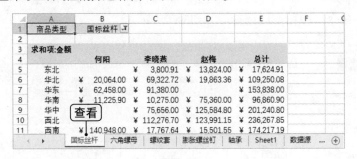

图3-17

3.1.6 数据透视表的复制和移动

在进行数据分析的过程中，有时需要根据数据源再创建一张同样的数据透视表用于分析数据，可通过复制数据透视表操作避免重复创建的烦琐步骤。此外，创建好的数据透视表还可以在同一工作簿的不同工作表中进行移动，以满足数据分析需要。

1.复制数据透视表

要复制数据透视表，需要先选择整个数据透视表。选择整个数据透视表主要有两种方法。

● 通过单击选择 只需要将鼠标光标移动到数据透视表最外层行字段上方单

元格左侧（或上方），当鼠标光标变为向右箭头（或向下箭头）时单击，即可选择整个数据透视表，如图3-18所示。

	A	B	C	D
1				
2				
3	求和项:金额	列标签 ▼		
4	行标签 ▼	何阳	李晓燕	赵梅
5	东北	210558.34	13180.074	109758
6	华北	79734	333372.116	197822.684
7	⊕华东	169037.9	183119.1136	253534.8824
8	⊕华南	197087.243	78733.48	154653.75
9	⊕华中	110823.975	195408	313791.47
10	⊕西北	86393.4	138154.524	200026.552
11	⊕西南	216786.6	46598.18	52510.596

图3-18

● 通过选项卡命令选择 选择数据透视表区域内的任意单元格，单击"数据透视表工具 分析"选项卡"操作"组中的"选择"下拉按钮，选择"整个数据透视表"命令，即可完成选择，如图3-19所示。

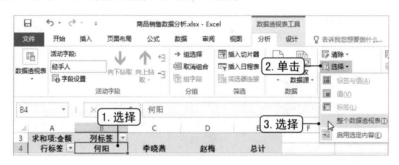

图3-19

选择数据透视表以后，直接按【Ctrl+C】组合键执行复制操作，然后选择要放置数据透视表区域左上角的单元格，按【Ctrl+V】组合键执行粘贴操作即可完成数据透视表的复制。

2.移动数据透视表

移动数据透视表可以将数据透视表从当前工作表的一个位置移动到另一个位置，还可以从当前工作表移动到另一张工作表。

移动数据透视表的操作是：首先选择需要移动的数据透视表中的任意数据单元格，单击"数据透视表工具 分析"选项卡"操作"组中的"移动数据透视表"按钮，在打开的"移动数据透视表"对话框中选择要移动到的位置（可以是本工作表中的位置，也可以是其他工作表中的位置），单击"确定"按钮即可移动数据透视表，如图3-20所示。

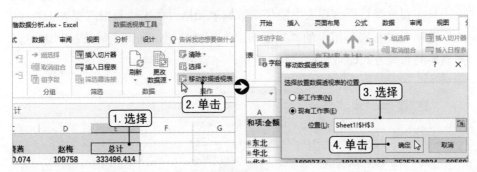

图3-20

 知识延伸 | 移动数据透视表的说明

在"移动数据透视表"对话框中默认选中"现有工作表"单选按钮，如果选中"新工作表"单选按钮，则会新创建一张工作表，将数据透视表移动到该工作表中。

此外，需要说明的是，移动数据透视表后原位置的数据透视表就不存在了，如果要保留原位置的数据透视表，可以通过复制的方法实现。

3.2 布局设置，按照要求布局透视表

数据分析工作者在进行数据分析的过程中，可以通过设置数据透视表布局来实现一些特殊数据分析需要。这些功能主要通过"数据透视表工具 设计"选项卡进行实现，本节将进行具体介绍。

3.2.1 更改报表布局的显示方式

Excel中为数据透视表提供了3种布局方式，分别是"以压缩形式显示""以大纲形式显示"和"以表格形式显示"。

　　默认情况下，创建的数据透视表都是以压缩形式显示的，用户可以根据实际数据分析需要设置合适的显示方式。3种显示方式的设置方法基本相同，只需要选择数据透视表中的任意数据单元格，单击"数据透视表工具 设计"选项卡"布局"组中的"报表布局"下拉按钮，在弹出的下拉列表中选择需要的布局方式即可，如图3-21所示。

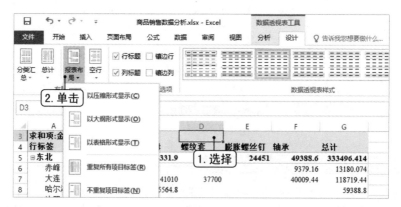

图3-21

　　在实际操作中，这3种报表布局显示形式各有各的用法，下面分别进行介绍。

● "以压缩形式显示"的报表 使用这种报表布局方式的数据透视表中所有字段都会堆积在一起，如图3-22所示，这种布局形式适用于字段较多，需要进行展开/折叠活动字段的数据透视表。

	A	B	C	D	E	F	G
3	求和项:金额	列标签					
4	行标签	国标丝杆	六角螺母	螺纹套	膨胀螺丝钉	轴承	总计
5	⊟东北	17624.914	204331.9	37700	24451	49388.6	333496.414
6	赤峰	3800.914				9379.16	13180.074
7	大连		41010	37700		40009.44	118719.44
8	哈尔滨	13824	45564.8				59388.8
9	沈阳		25918.2		24451		50369.2
10	伊春		91838.9				91838.9
11	⊟华北	109250.08	157160.144	102870	142762.316	98886.26	610928.8
12	北京	20064		59670			79734
13	衡水	9088	46919.4				56007.4
14	山西	60234.72		43200			103434.72
15	石家庄	19863.36			23050.5	90145.88	133059.74

图3-22

● "以大纲形式显示"的报表 这种布局方式主要根据数据透视表中的行字段数量和位置，将字段由左到右依次展开排列，各占一列，如图3-23所示。

图3-23

● **"以表格形式显示"的报表** 这种布局方式的数据透视表以表格的形式进行显示，如图3-24所示，"以表格形式显示"的报表便于阅读和分析，是实际工作中使用频率较高的一种布局方式。

图3-24

在图3-21中可以看到，该下拉列表中还有"重复所有项目标签"和"不重复项目标签"选项。如图3-25左图所示为重复所有项目标签效果；如图3-25右图所示为不重复项目标签效果。

图3-25

3.2.2 更改分类汇总的显示

对于创建的数据透视表，用户可以根据实际情况选择是否显示汇总结果以及设置汇总结果显示的位置，主要有以下3种方式。

● **通过选项卡更改** 首先选择数据透视表中的任意数据单元格，单击"数据透视表工具 设计"选项卡"布局"组中的"分类汇总"下拉按钮，在弹出的下拉列表中即可进行设置。例如设置在组的底部显示汇总，如图3-26所示。

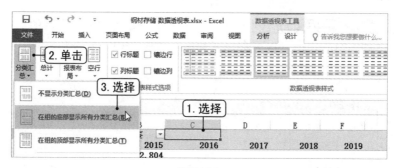

图3-26

● **通过快捷菜单更改** 选择数据透视表中的任意行字段标签，右击并在弹出的快捷菜单中选择对应的分类汇总命令，即可取消或显示分类汇总。如图3-27所示，这里选择"分类汇总'品名'"命令，即可取消该类字段的分类汇总。

图3-27

● **通过对话框更改** 选择数据透视表的任意字段标签，右击并在弹出的快捷菜单中选择"字段设置"命令，在打开的"字段设置"对话框中的"分类汇总"栏中选中"无"单选按钮，单击"确定"按钮即可关闭显示分类汇总，如图3-28所示。

图3-28

3.2.3　使用空行分隔不同的组

在实际分析操作中，为了方便报表呈现数据，往往会在各项之间插入空白行来区分。

插入空行的方法比较简单，首先选择数据透视表的任意数据单元格，单击"数据透视表工具 设计"选项卡"布局"组中的"空行"下拉按钮，在弹出的下拉列表中选择"在每个项目后插入空行"选项即可，如图3-29所示。

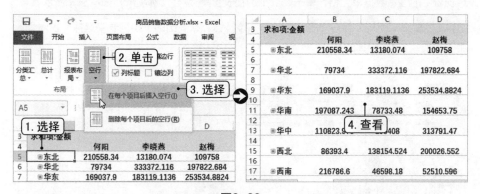

图3-29

如果需要取消每个项目后的空行，则在单击"空行"下拉按钮后弹出的下拉列表中选择"删除每个项目后的空行"选项即可。

3.2.4 禁用与启用总计

默认情况下创建的数据透视表都是包含行和列的总计，方便用户了解数据的汇总情况。如果数据透视表中没有总计，数据分析工作者可以根据实际分析需要添加总计。在实际操作中可能因为分析需要不需行或列的总计，还可以禁用总计。

禁用与启用总计的操作很简单，下面以在"员工福利汇总"工作簿中取消数据透视表的行总计，仅保留列总计为例讲解具体操作。

案例精解

取消福利分析数据透视表的行总计仅保留列总计

本节素材	◎/素材/Chapter03/员工福利汇总.xlsx
本节效果	◎/效果/Chapter03/员工福利汇总.xlsx

步骤01 打开"员工福利汇总"素材文件并切换到数据透视表所在的工作表，选择数据透视表中的任意数据单元格，单击"数据透视表工具 设计"选项卡，如图3-30所示。

步骤02 在"布局"组中单击"总计"下拉按钮，在弹出的下拉列表中选择"仅对列启用"选项，如图3-31所示。

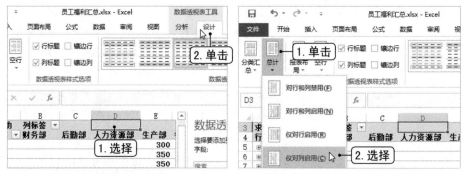

图3-30　　　　　　　　　　　　图3-31

步骤03 完成后返回到工作表中即可查看到行总计已经消失了，只剩下列总计，如图3-32所示。

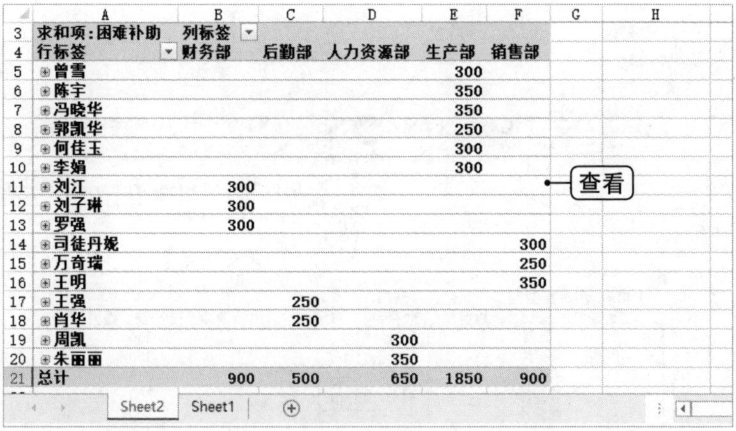

求和项:困难补助	列标签				
行标签	财务部	后勤部	人力资源部	生产部	销售部
曾雪				300	
陈宇				350	
冯晓华				350	
郭凯华				250	
何佳玉				300	
李娟				300	
刘江	300				
刘子琳	300				
罗强	300				
司徒丹妮					300
万奇瑞					250
王明					350
王强		250			
肖华		250			
周凯			300		
朱丽丽			350		
总计	900	500	650	1850	900

图3-32

在总计下拉列表中，选择“对行和列禁用（启用）”选项，即可禁用（启用）行和列总计；选择“仅对行启用”选项，则仅保留行总计；选择“仅对列启用”选项，则仅保留列总计。

3.2.5　合并居中带标签的单元格

通常情况下，数据透视表中的标签都不是居中显示的，很多时候这种显示方式与制作表格式要求的居中对齐方式不相同，这样就会显得数据透视表比较凌乱。

这时可以在数据透视表中设置带标签单元格的对齐方式为合并且居中排列，下面进行具体介绍。

首先选择数据透视表中的任意数据单元格，右击并在弹出的快捷菜单中选择“数据透视表选项”命令，然后在打开的“数据透视表选项”对话框中单击“布局和格式”选项卡，在“布局”栏中选中“合并且居中排列带标签的单元格”复选框，然后单击“确定”按钮，在返回的工作表中即可查看到最终效果，如图3-33所示。

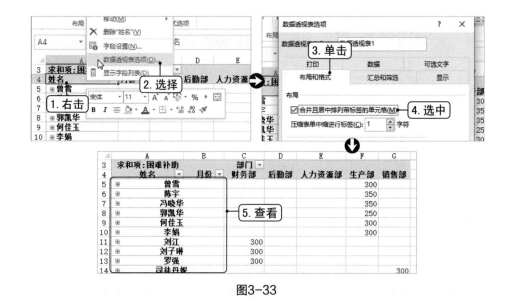

图3-33

3.3 反本还原，获取透视表的数据源

数据分析人员在使用数据透视表进行数据分析的过程中，如果不小心将数据源删除掉了，或者需要获取数据透视表中某个数据的数据源，可以通过本节介绍的方法实现。

3.3.1 获取整个数据透视表数据源

数据透视表的数据分析功能十分强大，但是不能对其中的数据进行修改，而只能够在其数据源中进行数据的添加、删除和修改等操作。如果数据透视表没有相应的数据源，那么应当如何获取数据透视表的数据源呢？

下面以在"员工信息表"工作簿中通过数据透视表获取数据透视表对应的数据源为例，介绍具体操作。

案例精解

通过公司各部门员工性别构成分析数据透视表获取数据源

本节素材	⊙/素材/Chapter03/员工信息表.xlsx
本节效果	⊙/效果/Chapter03/员工信息表.xlsx

步骤01 打开"员工信息表"素材文件，在数据透视表中任意数据单元格上右击，选择"数据透视表选项"命令，如图3-34所示。

步骤02 在打开的"数据透视表选项"对话框中单击"数据"选项卡，选中"启用显示明细数据"复选框，单击"确定"按钮，如图3-35所示。

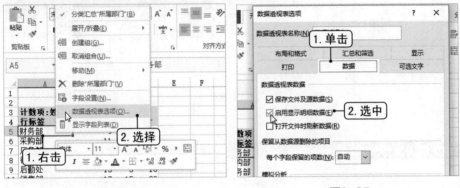

图3-34   图3-35

步骤03 返回工作表，双击数据透视表中行总计与列总计交叉处的单元格（即数据透视表右下角的单元格），如图3-36所示。

步骤04 在新打开的工作表中的数据就是数据透视表的数据源，如图3-37所示。

图3-36   图3-37

3.3.2　获取统计结果的明细数据

如果用户想要获取统计分析结果的数据源，其操作方法与获取数据透视表数据源的操作基本相同。只需要在启用显示数据明细功能的前提之下，双击统计结果单元格即可。例如，想要获取公司财务部男员工的统计信息，直接双击数据透视表中的B5单元格，即可查看明细数据，如图3-38所示。

图3-38

知识延伸|禁止显示数据源的明细数据

为了保证数据源的安全，在数据分析过程中，有的数据可能不希望别人查看或修改，则可以在"数据透视表选项"对话框"数据"选项卡的"数据透视表数据"栏中取消选中"启用显示明细数据"复选框即可。

第 4 章

轻松实现数据分析报告的美化与刷新

本章导读

在使用数据透视表进行数据分析时，很多时候是为了生成报表或是将分析结果展示给领导、同事或是客户等进行阅读，这就要求数据透视表尽量做到美观，同时便于数据展示。当数据源发生变化时，通过刷新数据操作保证报表与数据源同步。

知识要点

- 活用样式，快速美化报表
- 问题数据处理，方便查看透视表
- 应用条件格式，突出显示数据
- 及时刷新，确保报表数据最新

4.1 活用样式，快速美化报表

没有经过美化的数据透视表往往样式比较单一，要想制作出的报表具有特色，就需要对数据透视表进行美化。美化数据透视表主要分为应用内置样式美化和自定义样式美化。

4.1.1 使用内置样式快速美化数据透视表

在Excel中为数据透视表内置了多种样式，在前面介绍"数据透视表工具设计"选项卡时，具体介绍了数据透视表的内置样式，这里不再重复介绍。用户可以直接使用这些内置的样式快速对数据透视表进行美化，达到想要的效果。

下面以在"电子产品销售分析"工作簿中使用系统内置样式对数据透视表进行美化为例讲解内置样式的使用方法。

案例精解

快速美化"电子产品销售分析"报表的样式

本节素材	◎/素材/Chapter04/电子产品销售分析.xlsx
本节效果	◎/效果/Chapter04/电子产品销售分析.xlsx

步骤01 打开"电子产品销售分析"素材文件，切换到"Sheet1"工作表，选择数据透视表中的任意数据单元格，单击"数据透视表工具 设计"选项卡"数据透视表样式"组中的"其他"按钮，如图4-1所示。

步骤02 在弹出的下拉菜单中即可查看到系统内置的数据透视表样式，选择合适的样式即可，这里选择"数据透视表样式中等深浅 9"选项，即可完成内置样式的应用，如图4-2所示。

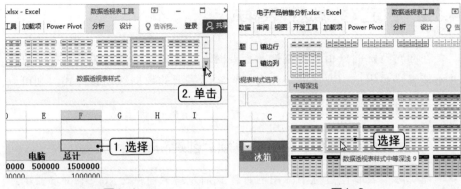

图4-1　　　　　　　　　　　　　　图4-2

步骤03 完成设置后，在返回的工作表中即可查看到数据透视表应用样式后的效果，如图4-3所示。

3	求和项:发票金额	列标签				
4	行标签	IP4	冰箱	彩电	电脑	总计
5	河北省			1000000	500000	1500000
6	石家庄市			1000000		1000000
7	唐山市				500000	500000
8	江苏省	80000	160000		100000	340000
9	南京市		160000		100000	260000
10	苏州市	80000				80000
11	山东省	95000		800000	260000	1155000
12	济南市			800000	260000	1060000
13	青岛市	95000				95000
14	总计	175000	160000	1800000	860000	2995000

图4-3

知识延伸 | 使用内置表格样式美化数据透视表

数据透视表虽然是强大的数据分析工具，但是数据透视表同样是一种表格，因此可以使用Excel中提供的表格样式进行美化，其具体操作是：选择数据透视表中的任意数据单元格，直接在"开始"选项卡"样式"组中单击"套用表格格式"下拉按钮，选择合适的表格样式即可，如图4-4所示。

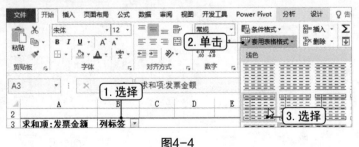

图4-4

4.1.2 自定义数据透视表样式

在面对特殊的分析或数据展示需要时，系统内置的数据透视表样式可能并不能够满足用户需要。如果没有符合实际需要的数据透视表样式，则可以根据需要自定义满足要求的样式。

1.在现有数据透视表样式的基础上创建新样式

在实际报表制作过程中应用内置样式后发现只有部分效果不符合要求，则可以在此基础上进行自定义，并将其保存下来方便以后使用。

例如，"应收账款清单"工作簿中的数据透视表已经应用了内置样式，现在要在该样式的基础上自定义数据透视表样式，其具体操作如下。

案例精解

编辑应收账款清单报表的样式

本节素材	⊙/素材/Chapter04/应收账款清单.xlsx
本节效果	⊙/效果/Chapter04/应收账款清单.xlsx

步骤01 打开"应收账款清单"素材文件，数据透视表已应用了"数据透视表样式浅色24"样式，但是其中分类汇总行没有突出显示，需要进行设置，如图4-5所示。

步骤02 选择数据透视表中的任意数据单元格，在"数据透视表工具 设计"选项卡"数据透视表样式"组的已套用的样式上右击，选择"复制"命令，如图4-6所示。

图4-5

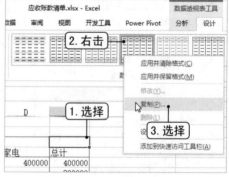

图4-6

步骤03 在打开的"修改数据透视表样式"对话框中的"名称"文本框中输入名称"新建样式",然后在"表元素"列表框中选择"分类汇总行1"选项,单击"格式"按钮,如图4-7所示。

步骤04 在打开的"设置单元格格式"对话框中单击"字体"选项卡,在"字形"列表框中选择"倾斜"选项,单击"颜色"下拉列表框,选择"红色,个性色2、深色50%"颜色,如图4-8所示。

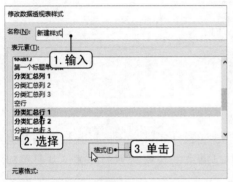

图4-7

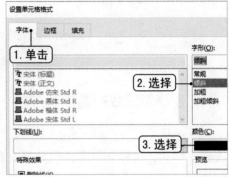

图4-8

步骤05 单击"填充"选项卡,选择合适的填充颜色,如图4-9所示,最后单击"确定"按钮返回到"修改数据透视表样式"对话框,单击"确定"按钮关闭对话框。

步骤06 返回到数据透视表中直接单击"数据透视表工具 设计"选项卡"数据透视表样式"组中的"其他"下拉按钮,在弹出的下拉菜单的"自定义"栏中选择"新建样式"样式,如图4-10所示。

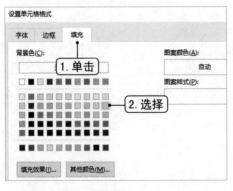

图4-9

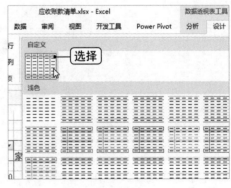

图4-10

步骤07 应用完样式后即可在工作表中查看到数据透视表的最终效果,所有的分类汇总行都按照设置的样式进行了突出显示,如图4-11所示。

	A	B	C	D	E	F
3	求和项:回款额		产品分类 ▼			
4	省份 ▼	客户 ▼	IT产品	家电	总计	
5	⊟河北省	S1公司		400000	400000	
6		S3公司	300000		300000	
7	河北省 汇总		300000	400000	700000	
8	⊟江苏省	S2公司	80000	80000	160000	
9		S4公司	0		0	
10	江苏省 汇总		80000	80000	160000	
11	⊟山东省	S4公司		600000	600000	
12		S5公司	95000		95000	
13		S6公司	50000		50000	
14	山东省 汇总		145000	600000	745000	
15	总计		525000	1080000	1605000	
16						

查看

◂ ▸ 分析 应收账款清单 ＋

图4-11

2.创建新的数据透视表样式

除了基于已有的样式创建新的数据透视表样式外，还可以直接新建数据透视表样式，这样能够完全只做符合自己需求的数据透视表样式，其具体操作如下。

首先在"数据透视表工具 设计"选项卡"数据透视表样式"组中单击"其他"下拉按钮，选择"新建数据透视表样式"命令，在打开的"新建数据透视表样式"对话框中即可进行样式设计，如图4-12所示。

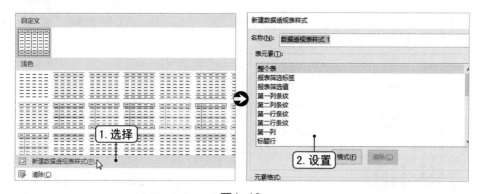

图4-12

对数据透视表应用了样式后，如果需要清除已经应用的样式，只需要选择数据透视表中的任意数据单元格，单击"数据透视表工具 设计"选项卡"数据透视表样式"组中的"其他"下拉按钮，选择"清除"命令即可清除，如图4-13所示。

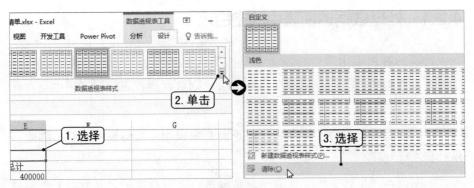

图4-13

知识延伸 | 删除自定义数据透视表样式

　　数据分析工作者在使用数据透视表的过程中可能会创建多种数据透视表样式，这样会使"自定义"栏变得凌乱，这时可以将多余的数据透视表样式删除。直接在"数据透视表样式"组中单击"其他"下拉按钮，在"自定义"栏中右击要删除的自定义样式，在弹出的快捷菜单中选择"删除"命令即可，如图4-14所示。

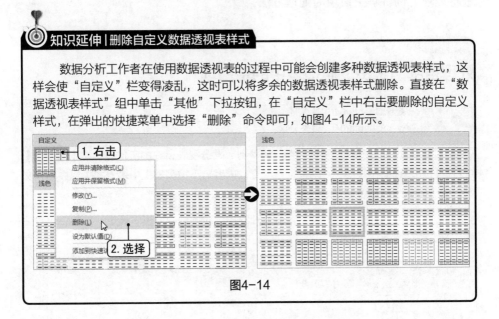

图4-14

4.2　问题数据处理，方便查看透视表

　　使用数据透视表分析数据的过程中有可能出现空白值、空白项或错误值等，这些数据对数据处理与分析以及报表阅读等会产生不好的影响，需要对其进行适当的处理。

4.2.1 处理数据透视表中的空白项

数据透视表中出现空白项大多是因为数据透视表的数据源没有进行规范处理，作为行字段的数据源存在空白项，则数据透视表的行字段也会存在"（空白）"项。

空白项通常不具有实际意义，但是会影响报表分析结果的查看，因此需要对其进行处理。

下面以在"工资表"工作簿中对数据透视表中存在的"（空白）"字样进行处理为例讲解空白项的处理方法。

案例精解

处理各部门工资汇总报表中的空白项

本节素材	◎/素材/Chapter04/工资表.xlsx
本节效果	◎/效果/Chapter04/工资表.xlsx

步骤01 打开"工资表"素材文件，切换到数据透视表所在的工作表，按【Ctrl+H】组合键打开"查找和替换"对话框，在"查找内容"下拉列表框中输入"（空白）"文本，在"替换为"下拉列表框中按空格键，如图4-15所示。

步骤02 单击"全部替换"按钮，在打开的提示对话框中单击"确定"按钮关闭对话框，如图4-16所示。

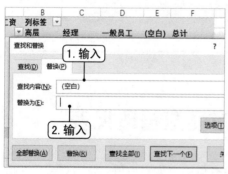

图4-15

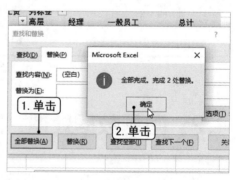

图4-16

步骤03 单击"查找和替换"对话框中的"关闭"按钮返回到工作表中即可查看到最终效果，如图4-17所示。

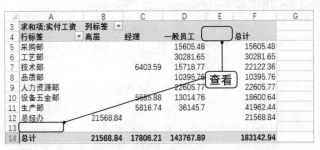

图4-17

> **知识延伸 | 通过筛选功能处理空白项**
>
> 除了查找和替换功能外，使用筛选功能同样可以处理空白项。查找替换是将空白项处理为空格；筛选功能则是取消空白项的显示。如本例，只需要分别单击"行标签"和"列标签"右侧的下拉按钮，在打开的筛选面板中取消选中"（空白）"复选框，单击"确定"按钮即可，如图4-18所示。
>
>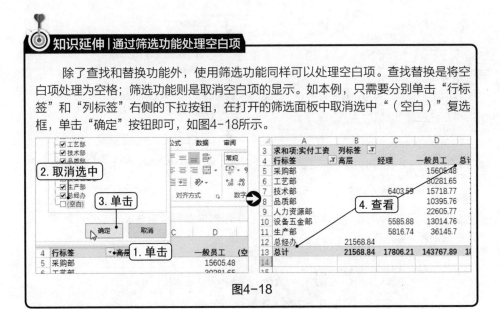
>
> 图4-18

4.2.2 设置空白单元格和错误值的显示方式

在实际操作中，并不是所有的空白项都能替换为空格或进行隐藏，有的空白项表达有特殊含义，如待定、尚未收到等，此时则需要将空白项显示为指定内容。

下面以在"产品销售分析"工作簿中将空白项显示为"未采购"为例讲解空白项的处理方法。

案例精解

将数据透视表中的空白项标记为"未采购"

本节素材	◎/素材/Chapter04/产品销售分析.xlsx
本节效果	◎/效果/Chapter04/产品销售分析.xlsx

步骤01 打开"产品销售分析"素材文件，选择数据透视表中的任意数据单元格，右击并选择"数据透视表选项"命令，如图4-19所示。

步骤02 在打开的"数据透视表选项"对话框中单击"布局和格式"选项卡，在"格式"栏中选中"对于空单元格，显示"复选框，在右侧的文本框中输入"未采购"文本，如图4-20所示。

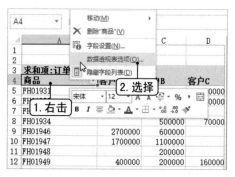

图4-19

图4-20

步骤03 单击"确定"按钮后即可返回到工作表中查看数据透视表的最终效果，如图4-21所示。

	A	B	C	D	E	F	G
3	求和项:订单金额	客户					
4	商品	客户A	客户B	客户C	客户D	总计	
5	FH01931	3800000	2200000	500000	未采购	6500000	
6	FH01932	3400000	3400000	1900000	900000	9600000	
7	FH01933	1300000	700000	未采购	未采购	2000000	
8	FH01934	未采购	500000	700000	未采购	1200000	
9	FH01946	2700000	600000	未采购	未采购	3300000	
10	FH01947	1700000	1100000	未采购	未采购	2800000	
11	FH01948	未采购	200000	未采购	300000	500000	
12	FH01949	400000	200000	1600000	未采购	2200000	
13	FH01950	2200000	2800000	未采购	400000	5400000	
14	FH01951	未采购	300000	未采购	700000	1000000	

图4-21

此外，对于数据透视表中出现的错误值也可以使用以上方法进行处理，只需要在如图4-20所示的步骤中选中"对于错误值，显示"复选框，在其右侧的文本框中输入需要替换的内容即可。

4.3 应用条件格式，突出显示数据

在Excel中，普通表格可以通过条件格式功能对满足条件的数据突出显示，方便进行数据查看和分析。在数据透视表中同样可以使用条件格式，让数据透视表的显示更加完善。

4.3.1 使用公式突出显示满足条件的数据

在使用数据透视表分析数据时，可以通过在条件格式中使用公式突出想要重点显示的数据。

下面在"上半年费用分析"工作簿中突出显示实际发生费用大于预算费用的数据，以此为例讲解具体操作。

案例精解

突出显示实际发生费用大于预算的费用

本节素材	◉/素材/Chapter04/上半年费用分析.xlsx
本节效果	◉/效果/Chapter04/上半年费用分析.xlsx

步骤01 打开"上半年费用分析"素材文件，选择数据透视表中的任意数据单元格，单击"数据透视表工具 分析"选项卡"操作"组中的"选择"下拉按钮，选择"启用选定内容"选项，确定选定内容处于选择状态，如图4-22所示。

步骤02 将鼠标光标移动到A6单元格上方，当鼠标光标变为向右黑色箭头时，单击该单元格，选择所有实际费用数据，如图4-23所示。

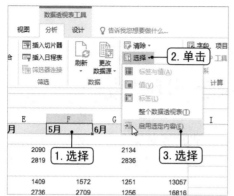

图4-22

3	求和项:值	月份			
4	项目	1月	2月	3月	4月
5	⊟办公费				
6	实际	3758	1729	3517	
7	预算	1747	3787	4530	
	单击				
9	实际	1182	4799	2844	
10	预算	4394	3576	2145	
11	⊟广告费				
12	实际	4997	4787	4830	
13	预算	3074	3843	2894	
14	⊟水电费				
15	实际	1302	2179	3533	
16	预算	2419	1302	4211	
17	⊟通讯费				
18	实际	4025	4269	2926	
19	预算	3592	2671	2303	
20	⊟薪金				

图4-23

步骤03 单击"开始"选项卡"样式"组中的"条件格式"下拉按钮，在弹出的下拉菜单中选择"新建规则"命令，如图4-24所示。

步骤04 在打开的"新建格式规则"对话框中选择"使用公式确定要设置格式的单元格"选项，在"为符合此公式的值设置格式"参数框中输入"=A6>A7"公式，单击"格式"按钮，如图4-25所示。

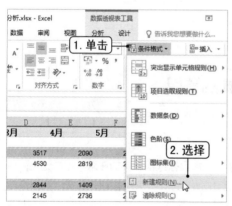

图4-24

图4-25

步骤05 在打开的"设置单元格格式"对话框中单击"填充"选项卡，选择合适的背景填充色，如图4-26所示，然后依次单击"确定"按钮关闭对话框。

步骤06 完成条件格式设置后，返回到工作表中即可查看到数据透视表中实际发生数据大于预算数据的单元格都被突出显示了，如图4-27所示。

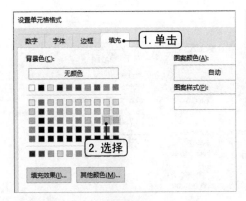

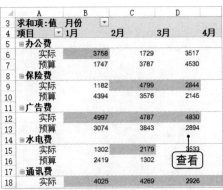

图4-26　　　　　　　　　　　　　　图4-27

4.3.2　通过色阶展示数据的分布和变化

色阶在数据分析的过程中是比较常用的，它实际上就是使用颜色区分数据大小，或是判断一组连续数据的大小变化情况。

下面以在"销售订单分析"工作簿中使用色阶直接显示各月份销售数据的变化情况为例讲解具体操作。

案例精解

通过渐变颜色展示销售数据的变化情况

本节素材	◎/素材/Chapter04/销售订单分析.xlsx
本节效果	◎/效果/Chapter04/销售订单分析.xlsx

步骤01 打开"销售订单分析"素材文件，切换到数据透视表所在的工作表，选择数据透视表中"订单金额"字段的任意数值单元格，单击"开始"选项卡"样式"组中的"条件格式"下拉按钮，在弹出的下拉菜单中选择"色阶"命令，然后在其子菜单中选择合适的色阶样式即可，如图4-28所示。

步骤02 单击被选择单元格右侧的"格式选项"下拉按钮，在弹出的下拉列表中选中最后一个单选按钮，即可将设置的色阶应用到每月订单金额中，如图4-29所示。

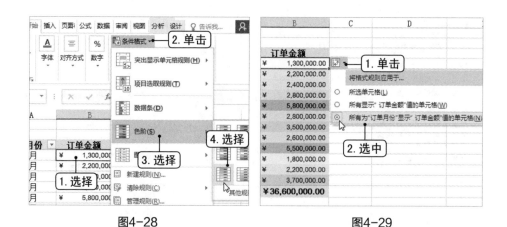

图4-28   图4-29

4.3.3 通过数据条让数据的大小关系更清晰

对数据透视表进行分析后通常需要展示分析结果，如果数据较多，则难以直观展示数据之间的大小关系。此时就可以考虑使用数据条清晰地展示数据之间的大小关系。数据条越长，则表示单元格中的数据越大。

下面以在"订单统计"工作簿中使用数据条直观展示各订单总金额的大小关系为例讲解具体操作。

案例精解

通过数据条直观展示订单金额大小

本节素材	◎/素材/Chapter04/订单统计.xlsx
本节效果	◎/效果/Chapter04/订单统计.xlsx

步骤01 打开"订单统计"素材文件，切换到数据透视表所在的工作表，选择数据透视表中"订单总金额"字段的任意数值单元格，单击"开始"选项卡"样式"组中的"条件格式"下拉按钮，在弹出的下拉菜单中选择"数据条"命令，然后在其子菜单中选择合适的数据条样式即可，如图4-30所示。

步骤02 单击被选择单元格右侧的"格式选项"下拉按钮，在弹出的下拉列表中选中最后一个单选按钮，即可将设置的数据条样式应用到订单总金额中，如图4-31所示。

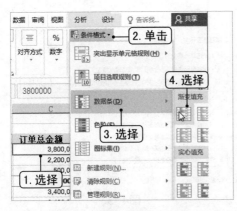

图4-30

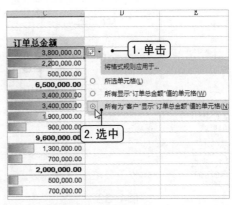

图4-31

4.3.4 通过图标集使数据等级更分明

在数据透视表中使用图标集可以将数据按照规定的范围进行分类显示，通常可以将数据按照数值大小分为3～5档，只需要设置好分档的界限，即可将数据透视表中的数据进行快速分档，并通过相应的图标进行标识，使报表数据更加清晰。

下面以在"工资分级显示"工作簿中使用图标集将员工工资数据分为4档（小于3 000、3 000至4 000、4 000至5 000以及5 000以上）为例讲解图标集的相关操作。

案例精解

通过图标集分档展示员工工资数据

本节素材	◎/素材/Chapter04/工资分级显示.xlsx
本节效果	◎/效果/Chapter04/工资分级显示.xlsx

步骤01 打开"工资分级显示"素材文件，选择数据透视表中"求和：应发工资"字段除汇总单元格以外的任意单元格，这里选择D5单元格，单击"开始"选项卡"样式"组中的"条件格式"下拉按钮，在弹出的下拉菜单中选择"图标集"命令，在其子菜单中选择"其他规则"命令，如图4-32所示。

步骤02 在打开的"新建格式规则"对话框中"规则应用于"栏中选中第3个单选按钮，如图4-33所示。

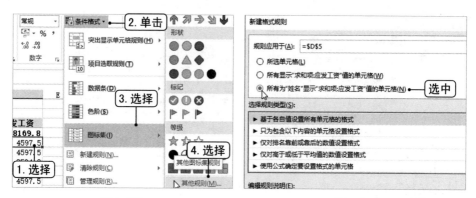

图4-32   图4-33

步骤03 单击"图标样式"下拉按钮，在弹出的下拉列表中选择"四向箭头（彩色）"选项，如图4-34所示。

步骤04 将下方"类型"栏中全部选择"数字"选项，在"值"栏中的参数框中从上至下依次输入"5000""4000""3000"，单击"确定"按钮，如图4-35所示。

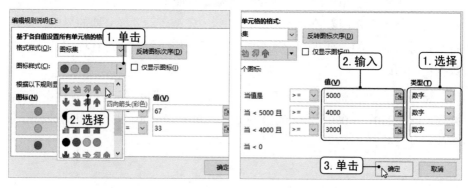

图4-34   图4-35

步骤05 返回到工作表中即可查看到最终的效果，如图4-36所示。

	A	B	C	D	E	F
3	行标签	求和项:基本工资	求和项:考勤扣除	求和项:应发工资		
4	⊟财务部	28500	200	38169.8		
5	龚燕	2500	30	4597.5		
6	谢晋	2500	30	4597.5		
7	张伟	3000	20	2594.8		
8	赵磊	2500	10	3110		
9	赵西	2500	30	4597.5		
10	陈南	3000	20	2594.8		
11	钟亭	2500	10	3110		
12	王涛	3000	10	2603.8		
13	张泉	4500	10	8189.4		

图4-36

知识延伸 | 设置只显示图标不显示数据

有的时候在展示数据透视表时，不能直接展示数据，则可以使用图标集来展示数据的大小情况。只需要在打开的"新建格式规则"对话框中选中"仅显示图标"复选框即可，如图4-37所示。

图4-37

4.4 及时刷新，确保报表数据最新

数据透视表创建以后，当数据源发生变化以后，默认情况下数据透视表并不会同步自动改变，而是需要对数据透视表进行刷新，从而使数据透视表显示最新的数据内容。

4.4.1 手动刷新数据透视表

手动刷新数据透视表在日常数据分析工作中是比较常用的，当数据透视表数据源发生改变后，用户可以手动刷新数据透视表，使数据源和数据透视表的数据同步更新，主要有两种方法。

● **通过选项卡命令刷新** 选择需要刷新的数据透视表中的任意数据单元格，单击"数据透视表工具 分析"选项卡"数据"组中的"刷新"按钮即可刷新数据透视表，如图4-38所示。

● **通过快捷菜单刷新** 选择数据透视表中的任意数据单元格，右击并在弹出的快捷菜单中选择"刷新"命令即可，如图4-39所示。

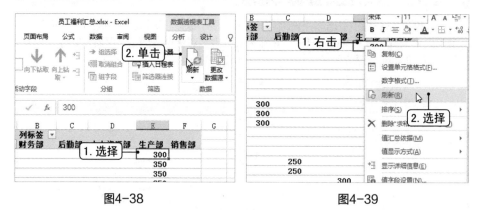

图4-38 图4-39

4.4.2 自动刷新数据透视表

手动刷新数据透视表通常在进行数据分析过程中修改过数据源的情况下比较适用，但是如果用户打开已有数据透视表时，不知道数据源是否已经发生了改变，为了避免因为没有更新透视表的数据导致分析结果出现问题，则可以设置自动刷新数据透视表。

1.设置打开文件自动刷新数据透视表

Excel为了方便用户对数据透视表数据进行实时更新，提供了在打开文件时对数据透视表进行刷新，其设置操作如下。

首先选择数据透视表中的任意数据单元格，右击并在弹出的快捷菜单中选择"数据透视表选项"命令，在打开的"数据透视表选项"对话框中单击"数据"选项卡，选中"打开文件时刷新数据"复选框，单击"确定"按钮即可，如图4-40所示。

图4-40

2.使用VBA代码设置自动刷新

除了使用Excel自带的功能实现自动刷新外，还可以通过Excel中提供的VBA功能实现自动刷新。

在使用VBA实现自动刷新数据透视表时，需要编写VBA代码，代码内容比较简单，具体如下。

Me.PivotTables("[数据透视表]").PivotCache.Refresh

在以上VBA代码中，"Me"表示当前对象，也就是当前工作表，如果在实际操作中要刷新的不是当前工作表中的数据透视表，则可以将"Me"替换成对应的工作表名。在使用时需要将"[数据透视表]"替换成需要刷新的数据透视表的名称。

知识延伸|如何获取数据透视表名

前面公式中的"[数据透视表]"需要根据实际情况进行更改，这就要求必须要了解需要刷新的数据透视表的名称。如果用户不知道数据透视表名，可以在数据透视表任意数据单元格上右击，在弹出的快捷菜单中选择"数据透视表选项"命令，在打开的"数据透视表选项"对话框中的"数据透视表名称"文本框中即可查看数据透视表当前的名称，用户如果需要更改，可以重新在该文本框中输入新的名称并保存即可，如图4-41所示。

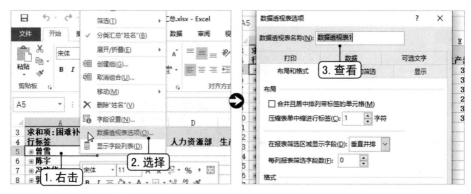

图4-41

下面以在"员工信息表"工作簿中通过编写VBA代码实现数据透视表自动刷新为例讲解相关操作。

案例精解

自动刷新员工性别统计报表的数据

本节素材	◉/素材/Chapter04/员工信息表.xlsx
本节效果	◉/效果/Chapter04/员工信息表.xlsm

步骤01 打开"员工信息表"素材文件，在数据透视表所在工作表的工作表标签上右击并在弹出的快捷菜单中选择"查看代码"命令，如图4-42所示。

步骤02 在打开的VB编辑器的代码窗口中分别选择"Worksheet"选项和"Activate"选项，如图4-43所示。

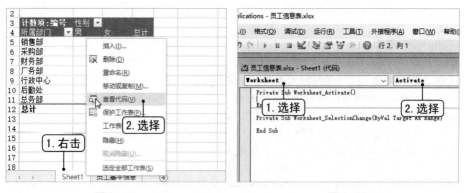

图4-42　　　　　　　　　　　　图4-43

步骤03 在WorkSheet_Activate过程中输入"Me.PivotTables("数据透视表").PivotCache.

Refresh"代码，然后将下方多余过程删除掉，如图4-44所示。

步骤04 按【Ctrl+S】组合键进行保存，在打开的提示对话框中单击"否"按钮，如图4-45所示。

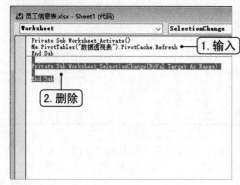

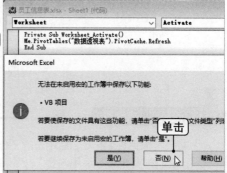

图4-44   图4-45

步骤05 在打开的"另存为"对话框中选择文件要保存的位置，然后单击"保存类型"下拉按钮，选择"Excel启用宏的工作簿（*.xlsm）"选项，如图4-46所示，最后单击"保存"按钮即可。

步骤06 完成后切换到"员工基本信息"工作表，按【Ctrl+H】组合键，在打开的"查找和替换"对话框中将"后勤处"替换为"后勤部"，然后单击"全部替换"按钮进行替换，如图4-47所示。

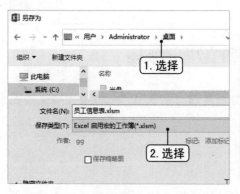

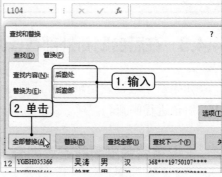

图4-46   图4-47

步骤07 替换完成后关闭"查找和替换"对话框，单击数据透视表所在工作表标签，即可查看到数据透视表中的"后勤处"文本已经自动转换为了"后勤部"文本，如图4-48所示。

图4-48

知识延伸 | 启用宏

将工作簿另存为Excel启用宏的工作簿后，在打开工作簿时有时会提示宏已被禁用，这时需要单击"启用内容"按钮进行启用，否则刷新功能可能无法实现，如图4-49所示。

图4-49

4.4.3 在后台刷新外部数据源的数据透视表

如果数据透视表是根据外部数据源创建的，那么用户可以设置数据透视表在后台进行刷新。

1.设置后台刷新数据透视表

设置在后台刷新外部数据源创建的数据透视表较为简单，首先选择数据透视表中的任意数据单元格，单击"数据"选项卡"连接"组中的"属性"按钮，在打开的"属性连接"对话框中选中"允许后台刷新"复选框即可，如图4-50所示。

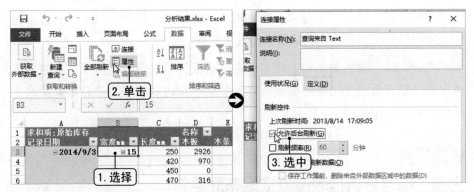

图4-50

2.自定义数据透视表刷新频率

对于外部数据创建的数据透视表，不仅可以设置自动刷新，还可以设置数据透视表的刷新频率。与设置自动刷新相似，首先需要打开"连接属性"对话框，选中"刷新控件"栏中的"刷新频率"复选框，然后在右侧的数值框中即可设置刷新频率，如图4-51所示。

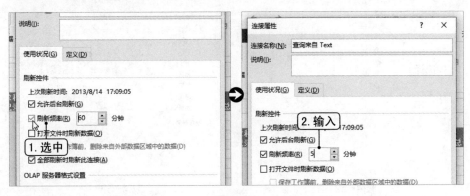

图4-51

4.4.4　推迟布局更新

在使用数据透视表的过程中，当进行字段的增加、删除和移动时，数据透视表都会发生相应的变化，做到实时刷新。但是数据分析工作者通常面对的数据量都比较大，如果进行实时刷新，则每次设置后都需要等待较长的时间，影响数据分析效率。

要解决这个问题，则可以设置推迟布局更新，在用户完成了所有数据透视表操作以后，再一次性完成数据透视表更新。

例如，某企业的员工信息较多，在使用数据透视表分析员工信息时会出现卡顿，现在通过采用推迟更新的方法更新数据透视表中的信息来解决这个问题，其具体操作如下。

案例精解

为员工信息分析报表设置推迟布局更新

本节素材	◎/素材/Chapter04/员工信息分析.xlsx
本节效果	◎/效果/Chapter04/员工信息分析.xlsx

步骤01 打开"员工信息分析"素材文件，在数据透视表中选择任意单元格，在"数据透视表字段"窗格中选中"推迟布局更新"复选框，如图4-52所示。

步骤02 将"列"区域中的"所属部门"字段拖动到"行"区域中"籍贯"字段上方，如图4-53所示。

图4-52   图4-53

步骤03 将"选择要添加到报表的字段"列表中的"性别"字段拖动到"列"区域，如图4-54所示。

步骤04 完成报表布局后，直接单击"数据透视表字段"窗格底部的"更新"按钮即可一次性更新，如图4-55所示。

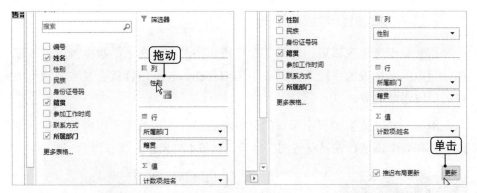

图4-54 　　　　　　　　　　　　　　　图4-55

4.4.5　数据透视表刷新注意事项

除了前面介绍的刷新数据透视表的相关操作外，在使用数据透视表进行数据分析的过程中还需要了解数据透视表刷新的一些注意事项。

1.刷新数据透视表后保持列宽不变

在使用数据透视表时，经常会遇到为数据透视表设置好合适的列宽，刷新数据透视表后列宽就发生了改变，影响分析效率。

要解决这个问题，首先在数据透视表的任意单元格上右击，选择"数据透视表选项"命令，在打开的对话框中取消选中"更新时自动调整列宽"复选框，单击"确定"按钮即可，如图4-56所示。

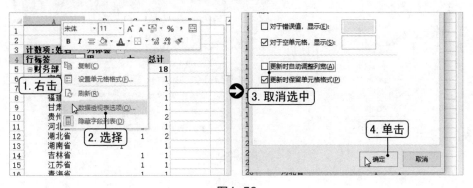

图4-56

2.清除频繁更新导致的下拉列表字段增多

刷新数据透视表以后，如果某个字段中的某些值在新的数据源中已经删除，但数据透视表的字段下拉列表中仍然存在，长期这样就会导致下拉列表中的字段逐渐增多。

例如，删除数据源表中所有的财务部数据，刷新数据透视表后，在行字段下拉列表中还是存在"财务部"字段，如图4-57所示。

图4-57

要解决这个问题，首先在数据透视表的任意单元格上右击，选择"数据透视表选项"命令，在打开的对话框中单击"数据"选项卡，单击"每个字段保留的项数"下拉列表框右侧的下拉按钮，选择"无"选项并确认设置即可，如图4-58所示。

图4-58

第 5 章

动态数据分析报告
制作详解

本章导读

在使用数据透视表进行数据分析时，特别是对于数据源不固定的情况，例如经常需要增加或删除数据源中的数据，这时要想数据透视表正确显示，就需要对数据透视表进行刷新，但如果创建动态数据透视表则不会出现此问题。

知识要点

- 定义名称，创建动态数据透视表
- 构建列表，创建动态数据透视表
- 其他创建动态数据透视表的方法

5.1 定义名称，创建动态数据透视表

前面介绍的都是静态的数据透视表，因为用于创建数据透视表的数据源是固定的，通常为一个固定的单元格区域，当数据源改变时，数据透视表引用区域不会改变。

本节将介绍通过定义名称的方式创建动态数据透视表，实现数据源的动态扩展，满足数据分析需要。

5.1.1 定义名称的基本方法

名称是对单元格区域或公式的别称，通过名称可以快速识别指定的单元格区域或使用的公式。在Excel中，定义名称的方式主要有3种，分别是通过名称框定义名称、通过对话框定义名称和通过所选内容批量定义。

1.通过名称框定义名称

通过名称框定义名称是较为简单的一种方法，该方法能够为选择的单元格区域快速定义名称。首先选择需要定义名称的单元格区域，然后在名称框中输入该区域要定义的名称，然后按【Enter】键即可，如图5-1所示。

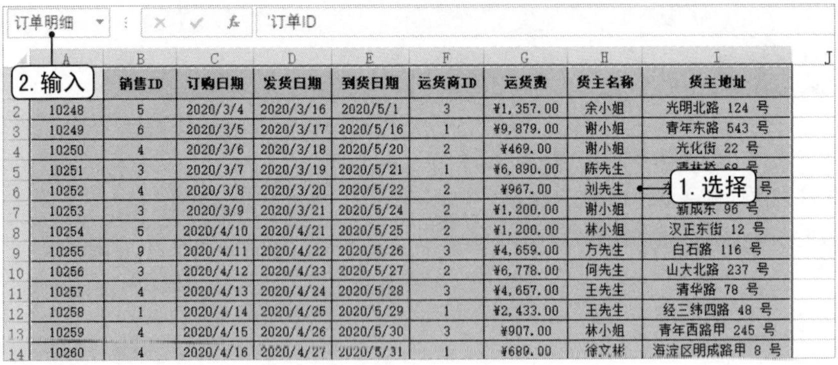

图5-1

2.通过对话框定义名称

通过名称框定义名称虽然简单、直接，但是也存在一定的问题，例如不能修改名称的使用范围、不能将公式定义到名称中等，因此在实际操作中只适合简单的、固定区域名称的定义。而使用对话框定义名称则可以克服以上的一些问题。

通过对话框定义名称的操作是：单击"公式"选项卡"定义的名称"组中的"定义名称"按钮右侧的下拉按钮，选择"定义名称"命令，然后在打开的"新建名称"对话框中分别设置名称、范围和引用位置，然后单击"确定"按钮即可完成设置，如图5-2所示。

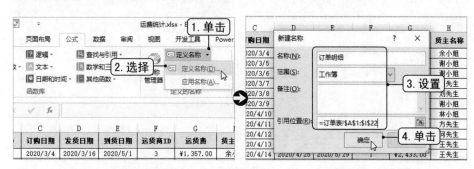

图5-2

3.通过所选内容批量定义

通过所选内容批量定义名称在实际操作中较常使用，主要针对为连续区域中每行或每列定义名称，是一种高效的名称定义方法。

下面在"货物配送统计"工作簿中为工作表中每一列数据定义一个名称，以此为例讲解相关操作。

案例精解

为货物配送统计表中每列数据定义一个名称

本节素材	◎/素材/Chapter05/货物配送统计.xlsx
本节效果	◎/效果/Chapter05/货物配送统计.xlsx

步骤01 打开"货物配送统计"素材文件，选择"数据源"工作表中所有的数据单元

格，在"公式"选项卡"定义的名称"组中单击"根据所选内容创建"按钮，如图5-3所示。

步骤02 在打开的"以选定区域创建名称"对话框中仅选中"首行"复选框，单击"确定"按钮，如图5-4所示。

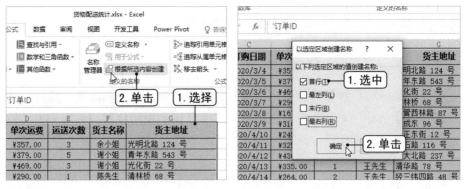

图5-3   图5-4

步骤03 返回到工作表中单击"定义的名称"组中的"名称管理器"按钮，在打开的"名称管理器"对话框中即可查看到创建的名称，如图5-5所示。

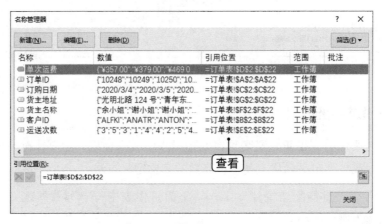

图5-5

5.1.2　定义名称的规则

定义名称对于创建动态数据透视表来说十分重要，但名称并不是没有任何限制的，并不是所有的字符串都可以作为名称。在定义名称时需要注意几点规则，避免影响名称的创建和使用，如图5-6所示。

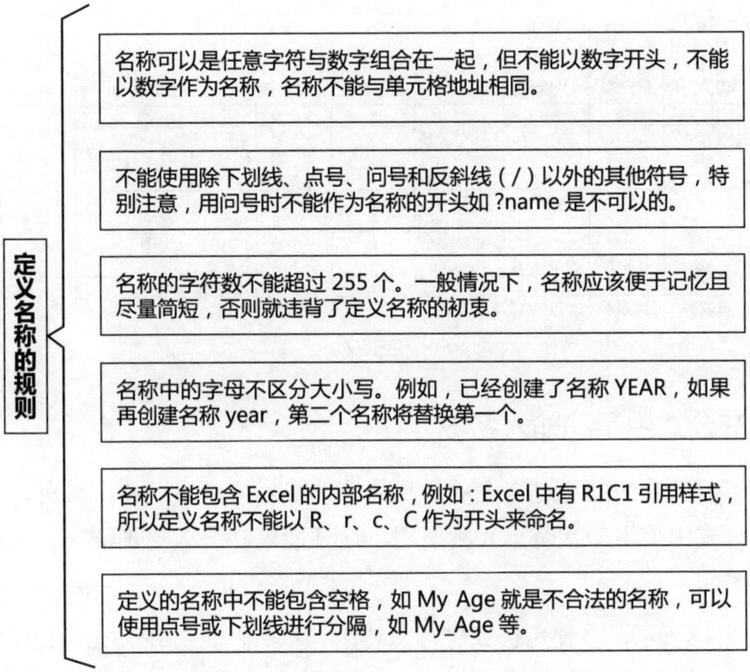

名称可以是任意字符与数字组合在一起，但不能以数字开头，不能以数字作为名称，名称不能与单元格地址相同。

不能使用除下划线、点号、问号和反斜线（/）以外的其他符号，特别注意，用问号时不能作为名称的开头如 ?name 是不可以的。

名称的字符数不能超过 255 个。一般情况下，名称应该便于记忆且尽量简短，否则就违背了定义名称的初衷。

定义名称的规则

名称中的字母不区分大小写。例如，已经创建了名称 YEAR，如果再创建名称 year，第二个名称将替换第一个。

名称不能包含 Excel 的内部名称，例如：Excel 中有 R1C1 引用样式，所以定义名称不能以 R、r、c、C 作为开头来命名。

定义的名称中不能包含空格，如 My Age 就是不合法的名称，可以使用点号或下划线进行分隔，如 My_Age 等。

图5-6

5.1.3　定义名称的使用

定义了名称以后用户就可以开始使用名称，使用名称可以快速选择单元格区域、在公式中手动输入名称以及使用名称替换公式中的引用等，下面分别进行介绍。

1.利用名称快速选择单元格区域

对于已经定义过的名称，可以快速进行调用。只需要在名称框中输入之前定义好的名称，按【Enter】键即可快速选择对应的单元格区域，如图5-7所示。

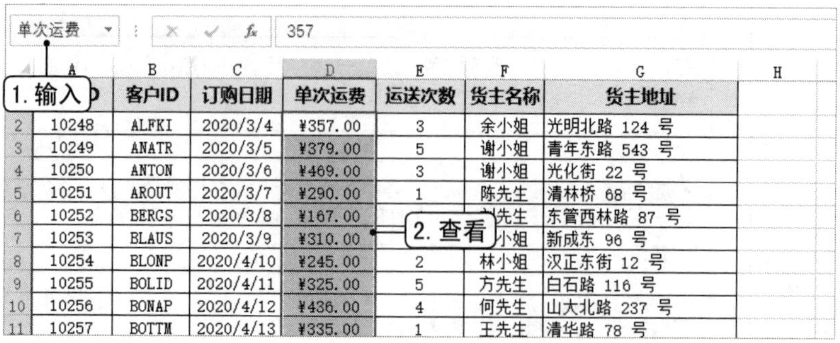

图5-7

2.在公式中手动输入名称

除了前面介绍的通过定义的名称快速选择对应的单元格区域外，名称还可以在公式中使用，代替单元格引用，这样能够让公式更加清晰，从而提高工作效率。

如图5-8所示，在使用公式进行总费用计算时，直接在公式中使用定义好的名称进行计算，即可清晰、快捷地计算出总费用数据。

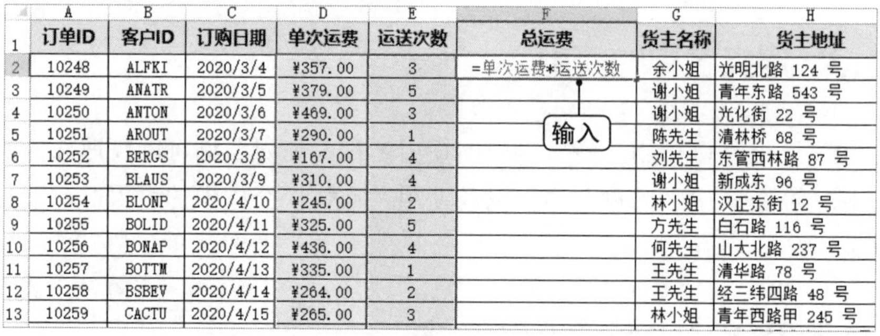

图5-8

3.在公式中自动引用名称

在表格中定义的名称较多或是用户不想手动输入定义的名称时，可以使用下拉菜单或对话框快速将名称自动引用到公式中去。

●**通过菜单选项引用** 定位文本插入点到需要输入名称的位置，单击"公式"选项卡"定义的名称"组中的"用于公式"下拉按钮，选择需要的名称即可，如这里选择"单次运费"选项，如图5-9所示。

●**通过对话框添加** 直接按【F3】键，在打开的"粘贴名称"对话框中选择需要的名称，如这里选择"运送次数"选项，单击"确定"按钮即可，如图5-10所示。

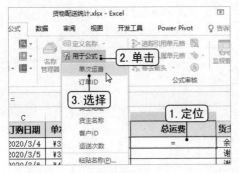

图5-9

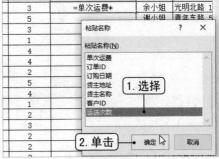

图5-10

知识延伸|其他方法打开"粘贴名称"对话框

按【F3】键可以快速打开"粘贴名称"对话框，但如果用户忘记了快捷键操作，还可以在"用于公式"下拉菜单中选择"粘贴名称"命令打开该对话框。

5.1.4 定义名称的修改与删除

创建好的名称在使用过程中也可以对其进行修改，如果定义的名称不再需要，还可以将其删除。

1.修改定义的名称

对定义的名称进行修改的操作比较简单，直接单击"公式"选项卡"定义的名称"组中的"名称管理器"按钮，在打开"名称管理器"对话框中选择需要修改的名称，单击"编辑"按钮，在打开的"编辑名称"对话框中即可修改定义的名称、备注和引用位置，如图5-11所示。

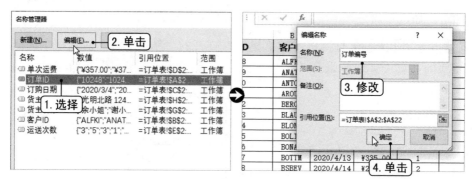

图5-11

修改完成后，返回到"名称管理器"对话框中即可查看到修改后的效果，如图5-12所示。

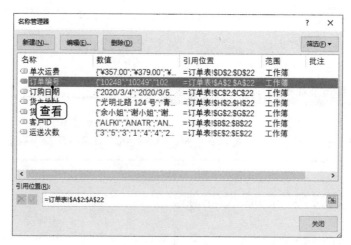

图5-12

2.删除定义的名称

对于那些不再需要的名称，则可以直接将其删除，避免影响查看。只需要在"名称管理器"对话框中选择需要删除的名称，单击"删除"按钮即可删除名称。

如果有多个名称需要删除，则可以先利用【Ctrl】键和【Shift】键进行多选，再单击"删除"按钮进行删除。

5.1.5　定义动态名称需要使用的两个函数

定义动态名称就是需要在名称中包含所有数据的单元格区域，当单元格区域扩展时，名称指定的单元格区域也自动发生变化。

定义动态名称是创建动态数据透视表的基础，定义动态名称需要使用到两个函数，分别是COUNTA()和OFFSET()。COUNTA()函数的功能是统计单元格区域中不为空的单元格个数；获取了单元格区域的行数和列数后，使用OFFSET()函数来根据行数和列数引用单元格区域。

如表5-1所示的是COUNTA()函数的功能和用法。

表5-1

项目	说明
函数结构	COUNTA(value1,value2,……)
功能	COUNTA()函数用于计算区域中不为空的单元格的个数，即返回参数列表中非空值的单元格个数
函数参数	value1为必需参数，表示要计数的值的第一个参数
	value2,……为可选参数，表示要计数的值的其他参数，最多可以包含255个参数
注意事项	COUNTA()函数可对包含任何类型信息的单元格进行计数，这些信息包括错误值和空文本。例如，如果区域包含一个返回空字符串的公式，则COUNTA()函数会将该值计算在内

如表5-2所示的是OFFSET()函数的功能和用法。

表5-2

项目	说明
函数结构	OFFSET(reference,rows,cols,height,width)
功能	OFFSET()函数的功能为以指定的引用为参照系，通过给定偏移量得到新的引用。返回的引用可以为一个单元格或单元格区域，并可以指定返回的行数或列数

项目	说明
函数参数	reference：作为偏移量参照系的引用区域，该参数必须为对单元格或相连单元格区域的引用；否则，OFFSET()函数返回错误值#VALUE!
	rows：相对于偏移量参照系的左上角单元格，上（下）偏移的行数。如果使用5作为rows参数，则说明目标引用区域的左上角单元格比reference低5行。行数可为正数（代表在起始引用的下方）或负数（代表在起始引用的上方）
	cols：相对于偏移量参照系的左上角单元格，左（右）偏移的列数。如果使用5作为cols参数，则说明目标引用区域的左上角的单元格比reference靠右5列。列数可为正数（代表在起始引用的右边）或负数（代表在起始引用的左边）
	height：高度，即所要返回的引用区域的行数。height可以为负，-x表示当前行向上的x行
	width：宽度，即所要返回的引用区域的列数。width可以为负，-x表示当前列向左的x列
注意事项	如果行数和列数偏移量超出工作表边缘，函数OFFSET()返回错误值#REF!。如果省略height或width，则假设其高度或宽度与reference相同

5.1.6　根据动态名称创建动态数据透视表

　　了解了定义动态名称的两个函数以后，用户就可以根据动态名称创建动态的数据透视表。

　　下面在"二季度商品销售明细"工作簿中以销售明细数据为数据源，创建动态数据透视表，以此为例讲解具体操作。

创建二季度商品销售明细动态数据透视表

本节素材	◉/素材/Chapter05/二季度商品销售明细.xlsx
本节效果	◉/效果/Chapter05/二季度商品销售明细.xlsx

步骤01 打开"二季度商品销售明细"素材文件,单击"公式"选项卡"定义的名称"组中的"定义名称"按钮,如图5-13所示。

步骤02 在打开的"新建名称"对话框中的"名称"文本框中输入"销售数据",设置引用位置公式为"=OFFSET($A$1,,,COUNTA($A:$A),COUNTA($1:$1))",单击"确定"按钮,如图5-14所示。

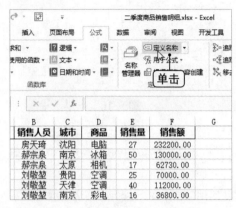

图5-13

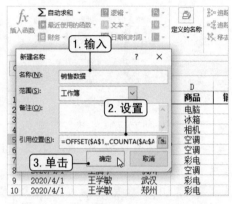

图5-14

 知识延伸|使用公式说明

　　本例中使用到的公式"=OFFSET($A$1,,,COUNTA($A:$A),COUNTA($1:$1))",是以A1单元格为基准,选择A列非空单元格个数和第一行非空单元格个数,因此要求数据源首行和首列不能出现空白单元格和其他干扰单元格,否则可能出错。

步骤03 返回到工作表中,单击"插入"选项卡"表格"组中的"数据透视表"按钮,如图5-15所示。

步骤04 在打开的"创建数据透视表"对话框中选中"新工作表"单选按钮,将文本插入点定位到"表/区域"参数框中,按【F3】键,在打开的对话框中选择"销售数据"选项,依次单击"确定"按钮,如图5-16所示。

图5-15

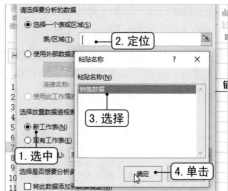

图5-16

步骤05 在创建好的空白数据透视表中对报表进行布局，将"城市"字段添加到行区域；将"销售人员"字段添加到列区域；将"销售额"字段添加到值区域完成布局，如图5-17所示。

步骤06 切换到数据源工作表，即"家电销售明细"工作表，在数据源最后添加一条新纪录，如图5-18所示。

图5-17

图5-18

步骤07 切换到数据透视表所在的工作表，选择任意数据透视表单元格，右击并选择"刷新"命令，如图5-19所示。

步骤08 刷新数据透视表后即可在透视表最右侧一列和最下方一行查看到新录入的记录，如图5-20所示。

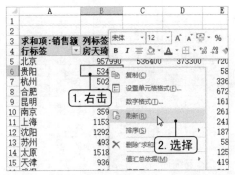

图5-19　　　　　　　　　　　　　图5-20

5.2　构建列表，创建动态数据透视表

Excel中的列表是一种高效地数据管理功能，不仅可以快速对数据透视表中的数据进行排序、筛选等操作，还可以通过扩展功能将新增数据添加到列表中。因此，利用列表来创建动态数据透视表也是常见操作。

5.2.1　创建列表的方法

列表与Excel中的普通表格是不相同的，只有通过特定的方式创建的单元格区域才是列表。创建列表的方法主要有通过选项卡按钮创建、套用表格样式创建以及通过快捷键创建。

1.通过选项卡按钮创建列表

选择需要创建列表的单元格区域，单击"插入"选项卡"表格"组中的"表格"按钮，在打开的对话框中直接单击"确定"按钮，即可将选择的单元格区域设置为列表，如图5-21所示。

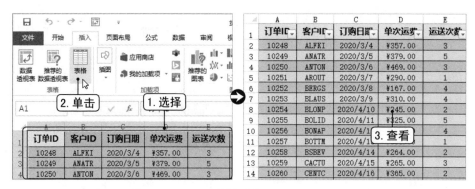

图5-21

2.套用表格样式创建列表

为单元格套用表格样式，也能够将单元格区域设置为列表表格，其具体操作是：选择任意数据单元格，单击"开始"选项卡"样式"组中的"套用表格格式"下拉按钮，选择合适的样式，在打开的对话框中直接单击"确定"按钮即可将所有使用的数据设置为列表，如图5-22所示。

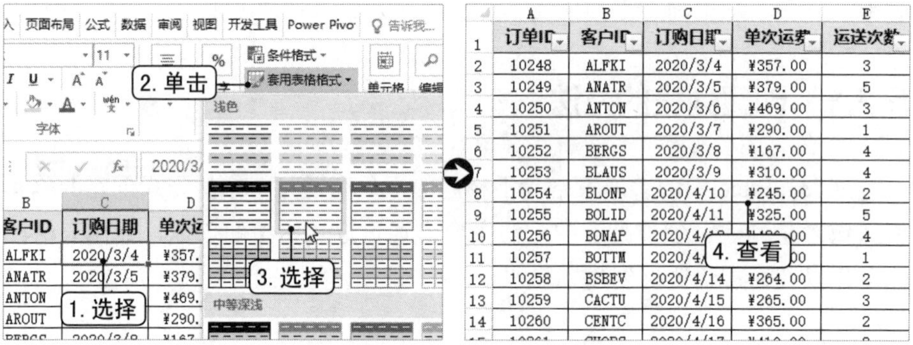

图5-22

3.通过快捷键创建列表

通过快捷键也可以快速创建列表，其具体操作是：选择任意数据单元格，按【Ctrl+T】或【Ctrl+L】组合键，在打开的"创建表"对话框中直接单击"确定"按钮，即可将该单元格区域设置为列表，如图5-23所示。

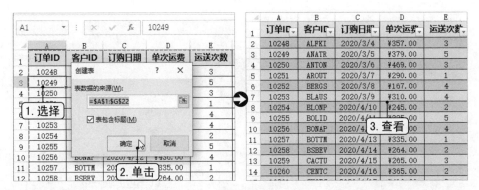

图5-23

5.2.2 通过列表创建数据透视表

将数据透视表的数据源区域设置为列表以后，就可以以该列表作为数据透视表的数据源。当列表扩展以后，由于数据透视表的数据源为列表，因此刷新数据透视表后，列表中扩展的部分也自动添加到了数据透视表之中，也就实现了动态效果。

下面在"产量统计表"工作簿中以生产明细数据为数据源，创建动态数据透视表，以此为例讲解具体操作。

案例精解

创建产量明细动态数据透视表

本节素材	◎/素材/Chapter05/产量统计表.xlsx
本节效果	◎/效果/Chapter05/产量统计表.xlsx

步骤01 打开"产量统计表"素材文件，选择数据表中的任意数据单元格，单击"插入"选项卡"表格"组中的"表格"按钮，如图5-24所示。

步骤02 在打开的"创建表"对话框中保持其中的内容不变，直接单击"确定"按钮创建列表，如图5-25所示。

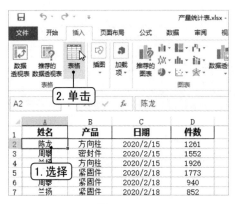

图5-24

图5-25

🔧 **步骤03** 单击"插入"选项卡"表格"组中的"数据透视表"按钮，如图5-26所示，在打开的对话框中直接单击"确定"按钮，即可以当前数据源创建数据透视表。

🔧 **步骤04** 在创建好的空白数据透视表中进行报表布局，将"姓名"字段添加到行区域；将"产品"字段添加到列区域；将"件数"字段添加到值区域即可，如图5-27所示。

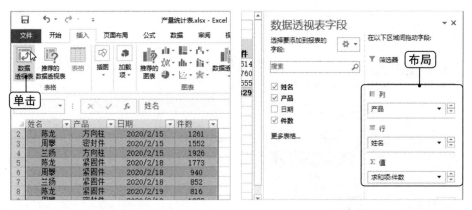

图5-26   图5-27

🔧 **步骤05** 切换到数据源工作表，即"生产记录表"工作表，在数据源最后添加一条新纪录，如图5-28所示。

🔧 **步骤06** 切换到数据透视表所在的工作表，选择任意数据单元格，右击并选择"刷新"命令，如图5-29所示。

图5-28　　　　　　　　　　　　　　　　　　　图5-29

步骤07 刷新数据透视表后即可在数据透视表最下方一行查看到新录入的记录，如图5-30所示。

求和项:件数	列标签					
行标签	齿轮	方向柱	滑轮	紧固件	密封件	总计
陈龙	13206	8567	11241	10514	11061	54589
兰扬	6294	7386	4078	14760	11454	43972
周攀	9080	12363	16906	9555	4137	52041
王晓均				2000		2000
总计	28580	28316	32225	36829	26652	152602

图5-30

5.3 其他创建动态数据透视表的方法

动态数据透视表的本质就是数据透视表的数据源可以随数据的增减自动变化。除了前面介绍的方法外还可以通过其他一些方法实现，例如通过导入外部数据创建动态数据透视表。

在导入外部数据创建数据透视表时，由于外部数据一般都具有自动扩展性，因此使得创建的数据透视表成为动态数据透视表。这里以通过导入Access数据创建动态数据透视表为例，讲解相关操作，其具体操作如下。

在Excel中单击"数据"选项卡"获取外部数据"组中的"自Access"按钮，在打开的对话框中选择Access文件，单击"打开"按钮，在打开的"导入数据"对话框中选中"数据透视表"单选按钮，单击"确定"按钮，完成数据透视表的创建，然后对报表进行布局即可，如图5-31所示。

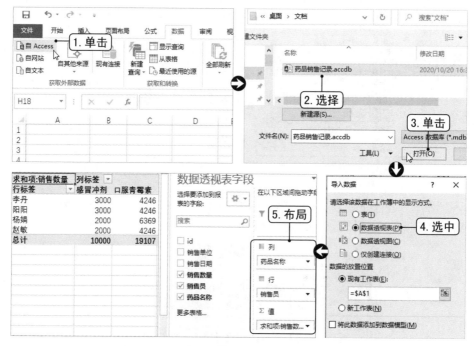

图5-31

在对Access数据库中的数据进行编辑，如添加一条数据，然后重新对数据透视表进行刷新，即可看到新添加的数据，如图5-32所示。

	A	B	C	D	E	F	G
1	求和项:销售数量	列标签					
2	行标签	感冒冲剂	口服青霉素	块剂板兰根	双氧水	总计	
3	李丹	3000	4246	1000	5412	13658	
4	阳阳	3000	4246	1500	3608	12354	
5	杨娟	2000	6369	1000	5412	14781	
6	赵敏	2000	4246	1500	3608	11354	
7	王晓均	2150				2150	
8	总计	12150	19107	5000	18040	54297	
9							
10							

查看

图5-32

第 6 章

分析报告中必会的数据管理操作

本章导读

对于创建的数据透视表，为了更好地对其中的数据进行分析，数据分析工作者有必要掌握一些基本的数据管理操作，具体包括数据的排序、筛选以及切片器的使用，这样才能准确、高效地对数据进行各种分析。

知识要点

- 数据排序，让数据按照指定顺序排列
- 数据筛选，显示符合条件的数据
- 活用切片器，控制透视表数据的显示

6.1 数据排序，让数据按照指定顺序排列

数据透视表中的数据应当按照一定的规则排列，如果数据杂乱，容易让读者难以抓住表格重点，从而感到困惑。因此对数据进行排序是很有必要的，合理的排序能够让报表使用者一目了然。

下面具体介绍数据透视表中数据排序的相关方法。

6.1.1 手动排序数据透视表

在数据透视表中，数据的排列方式有时并不符合用户分析数据的需要，例如某些字段不会按照我们的需求排列到最前面，又如，对于时间，11月、12月会被排列到1月之前等。

要解决这些问题，用户可以通过手动排序的方式将这些数据项按照要求进行排序。

下面以在"服装调查统计"工作簿中将数据透视表中最右侧的"休闲"字段移动到报表最左侧的位置为例具体讲解手动排序数据透视表的相关操作，其具体操作如下。

案例精解

调整各项服装调查结果的排列顺序

本节素材	◎/素材/Chapter06/服装调查统计.xlsx
本节效果	◎/效果/Chapter06/服装调查统计.xlsx

步骤01 打开"服装调查统计"素材文件，在数据透视表中选择E4单元格，将鼠标光标移动到单元格的右边线上，如图6-1所示。

步骤02 当鼠标光标变为四向箭头时，按下鼠标左键不放，将其拖动到B4单元格的左边线上，释放鼠标左键即可完成手排序操作，如图6-2所示。

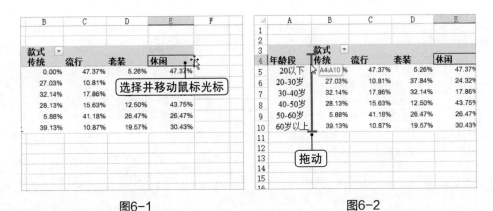

图6-1　　　　　　　　　　　　图6-2

🔷 步骤03　完成操作后即可在数据透视表中查看到"休闲"字段已经处于报表最左侧的位置，如图6-3所示。

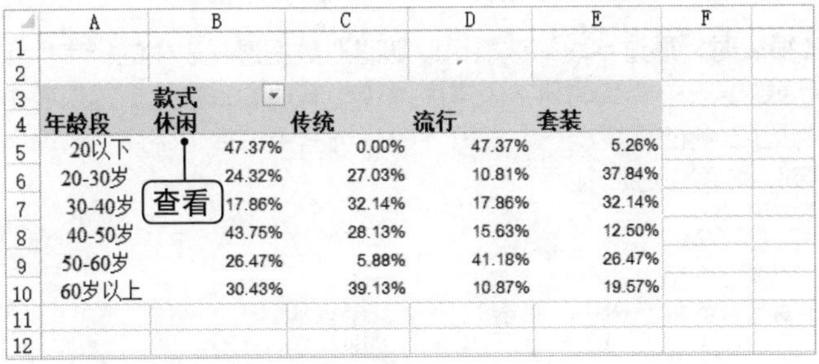

图6-3

6.1.2　自动排序数据透视表

通常情况下创建的数据透视表，其字段的排序方式是按照首字母升序排列。如果数据透视表经过他人调整，可以通过自动排序的方式恢复为默认排序方式，其具体操作如下。

选择数据透视表中任意单元格，右击，在弹出的快捷菜单中选择"排序"命令，在其子菜单中选择需要的排序方式即可，这里选择"升序"命令，如图6-4所示。（如果要对数据透视表按某列数据的降序排序，直接在快捷菜单中选择"降序"命令即可）

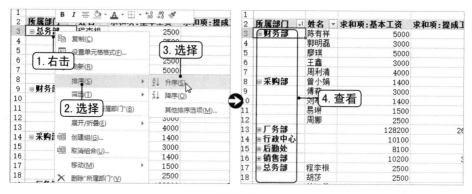

图6-4

在阅读报表时，通过字段筛选器可以随时对数据透视表中的行字段和列字段进行排序。在普通数据表中要实现列字段排序是较为麻烦的，在数据透视表中则可以直接单击列字段标签右侧的下拉按钮，在打开的筛选器中选择"降序"选项即可对列字段进行降序排列，如图6-5所示。

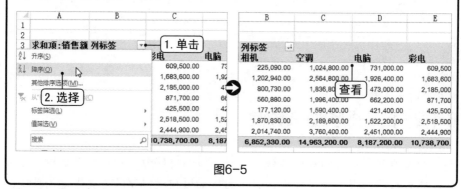

图6-5

6.1.3 使用其他排序选项排序

除了前面介绍的排序方式外，在数据透视表中还可以使用其他排序方式进行排序，例如按值排序、按笔画排序以及自定义排序等。

1.按值排序

前面介绍的排序方法都是对行字段或列字段进行排序，除此之外，在数据透视表中还可以对值字段进行排序。对值字段进行排序又可以分为对列进行排序和对行进行排序，默认情况下是对列进行按值排序。

下面以在"家电销售数据分析"工作簿中将所有的商品名称按照某一位员工的各项产品销售额数据进行排序为例讲解按值排序的相关操作。

案例精解

将商品按照某员工的销售额排序

本节素材	◎/素材/Chapter06/家电销售数据分析.xlsx
本节效果	◎/效果/Chapter06/家电销售数据分析.xlsx

步骤01 打开"家电销售数据分析"素材文件，在数据透视表中选择E5单元格，单击"数据"选项卡"排序和筛选"组中的"排序"按钮，如图6-6所示。

步骤02 在打开的"按值排序"对话框中选中"降序"和"从左到右"单选按钮，单击"确定"按钮关闭对话框，如图6-7所示。

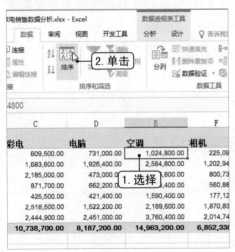

图6-6

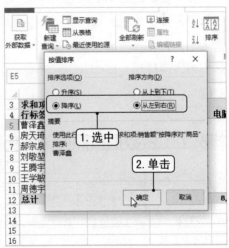

图6-7

步骤03 完成操作后即可在数据透视表中查看到按首行数据降序排序后的最终效果，如图6-8所示。

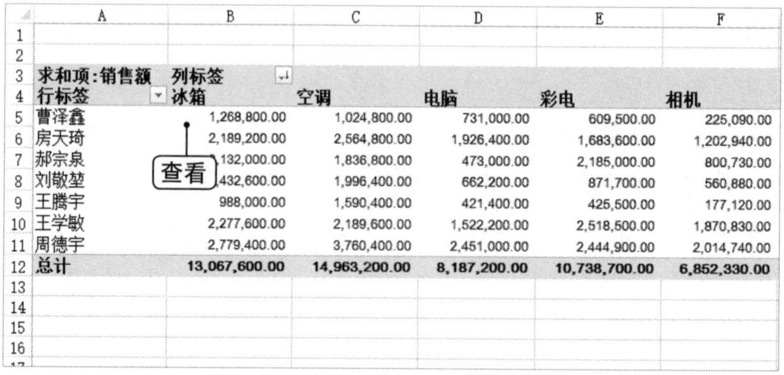

图6-8

2.按笔画排序

Excel中汉字的默认排序方式是按首个汉字的字母顺序排序，但是按照国人习惯，有时需要对姓名的排序方式设置为按姓氏笔画排序。

按姓氏笔画排序，首先按照姓名的第一个字的笔画数进行排序；笔画数相同的按起笔顺序排序（横、竖、撇、捺、折）；起笔顺序也相同的按照结构（先上下、后左右、再独体）排序。这种排序方式在普通数据表和数据透视表中都可以快速实现。

下面以在"工资分析"工作簿中将所有的员工信息按照员工姓氏笔画排序为例，讲解相关操作。

案例精解

将员工工资数据按照员工姓氏笔画数排序

本节素材	◎/素材/Chapter06/工资分析.xlsx
本节效果	◎/效果/Chapter06/工资分析.xlsx

步骤01 打开"工资分析"素材文件，选择A列中任意行标签字段，单击"数据"选项卡"排序和筛选"组中的"排序"按钮，如图6-9所示。

步骤02 在打开的"排序（姓名）"对话框中选中"升序排序（A到Z）依据"单选按钮，单击"其他选项"按钮，如图6-10所示。

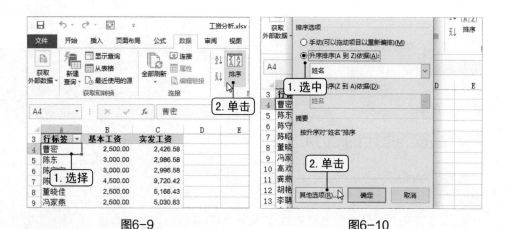

图6-9　　　　　　　　　　　　　　图6-10

步骤03 在打开的"其他排序选项（姓名）"对话框中取消选中"每次更新报表时自动排序"复选框，选中"笔画排序"单选按钮，如图6-11所示。

步骤04 依次单击"确定"按钮关闭所有对话框，完成后即可在返回的数据透视表中查看最终效果，如图6-12所示。

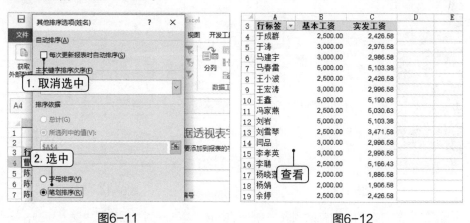

图6-11　　　　　　　　　　　　　　图6-12

3.自定义排序

前面介绍的排序方法都是针对具有一定规律原则的排序，如果对于数据透视表需要调整大量字段顺序，或是按照某一特定的规律排序，那么前面介绍的方法就不太适用了。

Excel中还提供了一种自定义排序的方式，先根据需要创建排序序列，再将数据透视表按照该顺序进行排序。

下面以在"生产分析"工作簿中的"统计表"工作表中自定义"六角螺丝、垫圈、滑轮、齿轮、螺帽"序列并以此序列进行数据透视表排序为例，讲解相关操作。

案例精解

将产品按照指定的顺序进行排序

本节素材	◎/素材/Chapter06/生产分析.xlsx
本节效果	◎/效果/Chapter06/生产分析.xlsx

步骤01 打开"生产分析"素材文件，切换到"统计表"工作表中，单击"文件"选项卡，单击"选项"按钮，如图6-13所示。

步骤02 在打开的"Excel选项"对话框中单击"高级"选项卡，单击"常规"栏中的"编辑自定义列表"按钮，如图6-14所示。

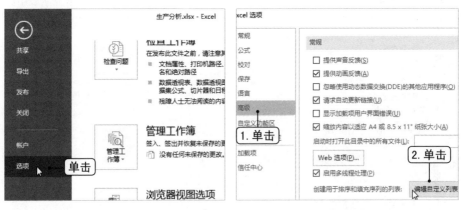

图6-13　　　　　　　　　　　　　　　图6-14

步骤03 在打开的"自定义列表"对话框中的"输入序列"列表框中输入序列，按【Enter】键进行分隔，输入完成后单击"添加"按钮，如图6-15所示，依次单击"确定"按钮。

步骤04 在返回的数据透视表中选择"产品"字段的任意数据单元格，右击，在弹出的快捷菜单中选择"排序"命令，在其子菜单中选择"其他排序选项"命令，如图6-16所示。

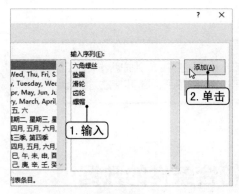

图6-15

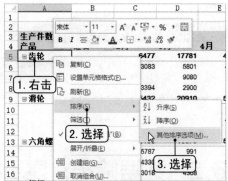

图6-16

步骤05 在打开的"排序（产品）"对话框中选中"升序排序（A到Z）依据"单选按钮，单击"其他选项"按钮，如图6-17所示。

步骤06 在打开的"其他排序选项（产品）"对话框中取消选中"每次更新报表时自动排序"复选框，在"主关键字排序次序"下拉列表框中选择自定义的排序方式，如图6-18所示。

图6-17　　　　　　　　　　　　　　　图6-18

步骤07 依次单击"确定"按钮，返回数据透视表即可查看最终效果，如图6-19所示。

生产件数	日期			
产品	姓名	2月	3月	4月	总计
六角螺丝		13135	10079	5102	28316
垫圈		12319	17355	5155	34829
滑轮		5432	20910	5883	32225
齿轮		6477	17781	4322	28580
螺帽		4294	18904	3454	26652
总计		41657	85029	23916	150602

图6-19

知识延伸 | 自定义序列的使用

　　在Excel中，用户自定义的序列是存储在Excel程序中的，用户新建其他工作表或工作簿仍然可以使用该自定义序列。如果用户不再使用该序列，则可以将该序列删除。

6.2 数据筛选，显示符合条件的数据

　　数据筛选是数据透视表分析中的重要功能，通过筛选能够将符合要求或具有特殊意义的数据筛选出来，避免其他数据对数据分析造成影响。

6.2.1 通过字段筛选器筛选数据透视表

　　利用字段筛选器筛选数据透视表中的数据是较为简单的操作，适用于数据透视表字段较少的情况，其具体操作如下。

　　直接单击字段标题或"数据透视表字段"窗格"选择要添加到报表的字段"栏中对应字段右侧的下拉按钮，在打开的筛选器中选中需要筛选的数据前的复选框，单击"确定"按钮即可，如图6-20所示。

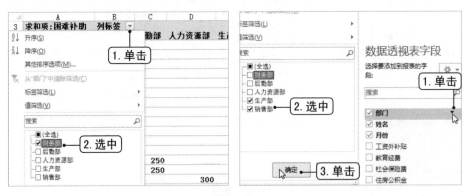

图6-20

6.2.2 应用字段标签筛选数据

对于数据透视表中包含较多字段的情况下，在通过字段筛选器进行逐个筛选就显得非常麻烦，对于这种情况可以使用字段标签进行筛选，操作也比较简单。

下面以在"商品订购清单"工作簿的数据透视表中将"GH"开头的商品订单筛选出来为例讲解相关操作。

案例精解

筛选出以GH开头的商品订单进行分析

本节素材	◎/素材/Chapter06/商品订购清单.xlsx
本节效果	◎/效果/Chapter06/商品订购清单.xlsx

步骤01 打开"商品订购清单"素材文件，切换到"商品销售分析"工作表中，单击数据透视表中A4单元格右侧的下拉按钮，如图6-21所示。

步骤02 在打开的筛选器中选择"标签筛选"命令，在其子菜单中选择"开头是"命令，如图6-22所示。

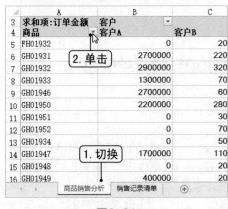

图6-21

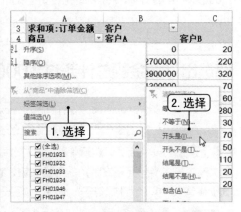

图6-22

步骤03 在打开的"标签筛选（商品）"对话框中右侧的文本框中输入"GH"文本，单击"确定"按钮，如图6-23所示。

步骤04 返回到数据透视表中即可查看到，数据透视表中只显示以"GH"开头的商品的订单信息，如图6-24所示。

图6-23

图6-24

6.2.3 应用字段值筛选数据

除了前面介绍对数据透视表字段进行筛选，还可以对值区域进行筛选，例如，筛选企业员工工资超过6 000元的员工信息；又如，筛选员工销售业务量超过200 000元的员工信息。

下面在"商品订购清单2"工作簿的数据透视表中将订购金额总计超过2 000 000元的订单信息筛选出来，以此为例讲解相关操作。

案例精解

筛选出订购金额总计超过2 000 000元的订单信息

本节素材	⊙/素材/Chapter06/商品订购清单2.xlsx
本节效果	⊙/效果/Chapter06/商品订购清单2.xlsx

步骤01 打开"商品订购清单2"素材文件，切换到"商品销售分析"工作表中，单击数据透视表中A4单元格右下角的下拉按钮，在打开的筛选器中选择"值筛选"命令，在其子菜单中选择"大于或等于"命令，如图6-25所示。

步骤02 在打开的"值筛选（商品）"对话框中右侧的文本框中输入"2000000"文本，单击"确定"按钮，如图6-26所示。

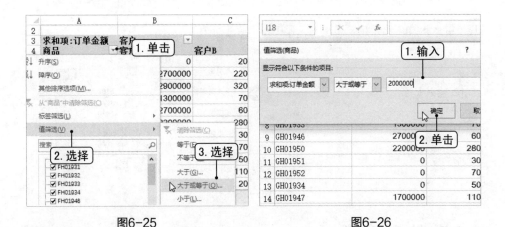

图6-25　　　　　　　　　　　　图6-26

步骤03 返回到数据透视表中即可查看到，数据透视表中仅显示订单金额超过
2 000 000的商品订单信息，如图6-27所示。

	A	B	C	D	E	F
3	求和项:订单金额	客户				查看
4	商品	客户A	客户B	客户C	客户D	总计
5	GH01931	2700000	2200000	500000	0	5400000
6	GH01932	2900000	3200000	1900000	200000	8200000
7	GH01933	1300000	700000	0	0	2000000
8	GH01946	2700000	600000	0	0	3300000
9	GH01950	2200000	2800000	0	400000	5400000
10	GH01947	1700000	1100000	0	0	2800000
11	GH01949	400000	200000	1600000	0	2200000
12	总计	13,900,000.00	10,800,000.00	4,000,000.00	600,000.00	29,300,000.00

图6-27

6.2.4 使用搜索文本框进行筛选

搜索文本框可以帮助用户快速筛选出某一个或是某一类数据，十分高效。例如，筛选出企业某位员工近几个月的销售情况，筛选出某个产品的年度销量等。

使用搜索文本框进行筛选的操作是：单击字段标题右侧的下拉按钮，然后在筛选器中的搜索文本框中输入需要筛选的内容，单击"确定"按钮即可将该项数据筛选出来，如图6-28所示。

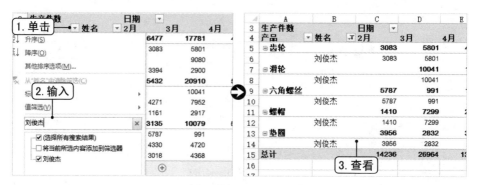

图6-28

6.2.5 自定义筛选

前面介绍的几种筛选方式都是在特定的情况下使用，但有时这些方法不能够满足所有用户的需求，此时可以使用自定义筛选的方式对数据透视表数据进行筛选。

下面在"货物销售明细"工作簿通过自定义筛选的方式筛选出不包含所有鞋类产品（主要有跑鞋和休闲鞋）的货物明细数据，以此为例讲解相关的操作。

案例精解
自定义筛选出鞋类以外的商品信息

本节素材	◎/素材/Chapter06/货物销售明细.xlsx
本节效果	◎/效果/Chapter06/货物销售明细.xlsx

步骤01 打开"货物销售明细"素材文件，切换到数据透视表所在的工作表，选择B2单元格，单击"数据"选项卡"排序和筛选"组中的"筛选"按钮，进入筛选状态，如图6-29所示。

步骤02 单击A3单元格右侧的下拉按钮，在打开的筛选器中选择"文本筛选"命令，在其子菜单中选择"自定义筛选"命令，如图6-30所示。

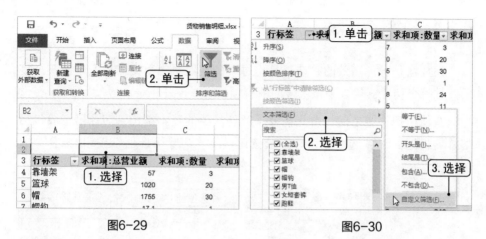

图6-29　　　　　　　　　　　　图6-30

step03 在打开的"自定义自动筛选方式"对话框中的上面一行下拉列表框中分别选择"不包含"和"跑鞋"选项；在下面一行下拉列表框中分别选择"不包含"和"休闲鞋"选项，单击"确定"按钮，如图6-31所示。

step04 返回到数据透视表中即可看到最终的报表中只包含鞋类以外产品的信息，如图6-32所示。

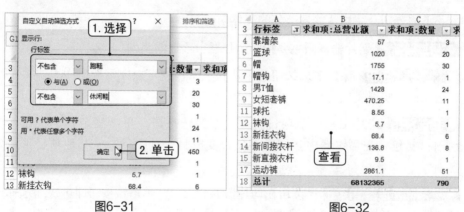

图6-31　　　　　　　　　　　　图6-32

6.3 活用切片器，控制透视表数据的显示

切片器是Excel 2010版本以后新增的一个实用功能，不仅能够轻松对数据透视表进行筛选，还能直观查看筛选信息。本节将具体介绍切片器的使用方法。

6.3.1　了解切片器

切片器是一种高效的筛选工具，每个切片器对应数据透视表中的一个字段，且每个切片器包含了该字段的所有项。

在使用切片器之前，首先需要了解切片器的基本结构。切片器一般包括切片器标题、"多选"按钮、筛选按钮以及"清除筛选器"按钮4部分，如图6-33所示。

图6-33

下面分别介绍切片器各部分的具体功能。

● **切片器标题** 切片器标题主要指明切片器中项目的类别。

● **"多选"按钮** 保持多选按钮处于选择状态，就可以在筛选器中单击多个筛选按钮，实现多项选择。

● **筛选按钮** 切片中每一个项目就是一个筛选按钮，单击某个筛选按钮，该项目就包含在筛选器中，同时该项目变成另一种颜色，与其他项目形成区别。

● **"清除筛选器"按钮** 该按钮在切片器的右上角，单击该按钮即可快速选择切片器中所有的项目，即恢复显示所有项目的记录。

6.3.2 在数据透视表中插入切片器

在数据透视表中插入切片器，即可实现快速、直观且高效地筛选数据。插入切片器的方法主要有两种，分别是通过"数据透视表工具"选项卡组插入和通过"插入"选项卡插入，具体介绍如下。

● **通过"数据透视表工具"选项卡组插入切片器** 选择数据透视表中的任意单元格，单击"数据透视表工具 分析"选项卡"筛选"组中的"插入切片器"按钮，在打开的"插入切片器"对话框中选择需要添加切片器的字段左侧的复选框，单击"确定"按钮，如图6-34所示。

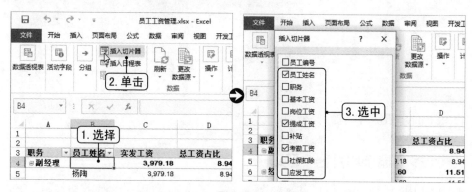

图6-34

● **通过"插入"选项卡插入切片器** 选择数据透视表的任意数据单元格，单击"插入"选项卡"筛选器"组中的"切片器"按钮，在打开的"插入切片器"对话框中选中要添加的字段左侧的复选框，确认后即可创建成功，如图6-35所示。

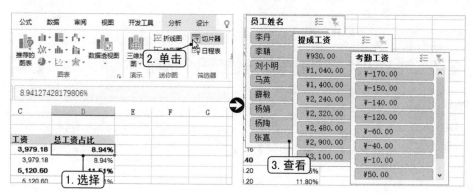

图6-35

6.3.3 设置切片器格式

默认创建的切片器，许多时候不方便用户直接进行使用，或多或少存在问题，例如字段太多无法显示所有字段，多个切片器之间存在相互遮挡的情况等，面对这些情况就需要进行切片器的格式设置。

创建切片器以后，选择任意切片器即可激活"切片器工具 选项"选项卡，在其中即可对切片器的格式进行设置。该选项卡主要包括切片器、切片器样式、排列、按钮以及大小5个功能组，如图6-36所示。

图6-36

下面介绍切片器的一些常规设置操作。

1.多列显示切片器字段项

默认情况下创建的切片器是单列显示的，如果某个字段中的项目有很多，基于该字段创建的切片器是无法完全显示所有项目的，必须通过滚动条来滚动选择，这样极为不方便。这时就可以设置切片器内显示的字段列数。

下面以在"员工工资管理"工作簿的"工资表"工作表中设置切片器中每行显示3个字段为例讲解相关操作。

【案例精解】

在员工姓名切片器中设置每行显示3个按钮

本节素材	◎/素材/Chapter06/员工工资管理.xlsx
本节效果	◎/效果/Chapter06/员工工资管理.xlsx

步骤01 打开"员工工资管理"素材文件，选择切片器，单击"切片器工具 选项"选项卡，如图6-37所示。

步骤02 在"按钮"组中的"列"数值框中输入"3",在"宽度"数值框中输入"2厘米",在"高度"数值框中输入"1厘米"调整切片器按钮的宽度和高度,其最终效果如图6-38所示。

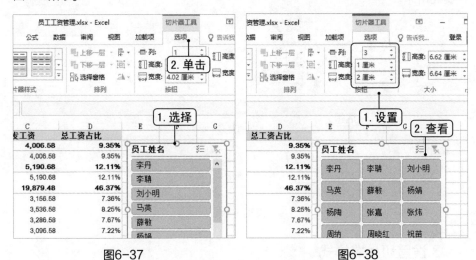

图6-37　　　　　　　　　　　　图6-38

2.调整切片器的大小

除了切片器按钮的宽度和高度可以调整外,整个切片器的大小也是可以手动调整的,主要有以下两种方式。

● **拖动边框调整** 选择切片器,将鼠标光标移动到切片器边框的控制点上,当鼠标光标变为双向箭头时,按住鼠标左键拖动即可调整切片器的大小,如图6-39所示。

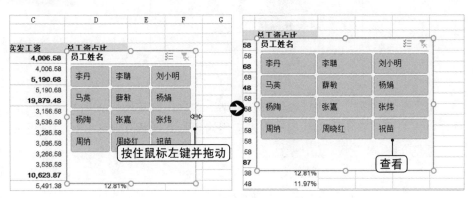

图6-39

● **通过选项卡更改** 选择切片器,在"切片器工具 选项"选项卡中的"大小"组中的"高度"和"宽度"数值框中输入需要设置的数值即可,如图6-40所示。

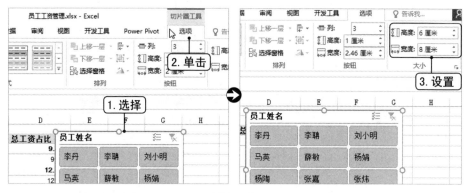

图6-40

3.设置切片器样式

切片器与数据透视表相似,同样可以通过内置样式和自定义样式进行美化。在"切片器工具 选项"选项卡"切片器样式"组中提供了14种内置切片器样式,如图6-41所示。

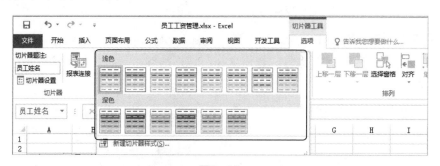

图6-41

用户在使用切片器的过程中可以根据需要套用合适的内置切片器样式,具体操作与前面介绍的为数据透视表应用内置样式的操作基本相同,这里就不再重复介绍。

知识延伸 | 自定义切片器样式

　　自定义切片器样式的操作主要有两种方法，一是复制现有内置样式，然后在打开的对话框中自定义符合自身需要的样式即可，如图6-42左图所示；二是新建切片器样式，完全由自己定义样式，如图6-42右图所示。自定义样式的设置和应用的方法与自定义数据透视表样式的应用方法相同，具体操作请参考数据透视表样式的自定义操作。

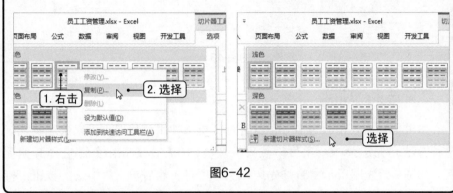

图6-42

6.3.4　使用切片器筛选数据

　　使用切片器在数据透视表中筛选数据，不仅可以对单个项目进行筛选，也可以对多个项目进行筛选，下面具体介绍其用法。

1.筛选单个项目

　　在新创建的切片器中，默认情况下所有的项目都是处于被选择状态的，如果用户想要选择某一个项目进行筛选分析，则只需要单击切片器中该项目对应的按钮即可进行筛选，在数据透视表中也可以同步查看到最终的筛选结果，如图6-43所示。

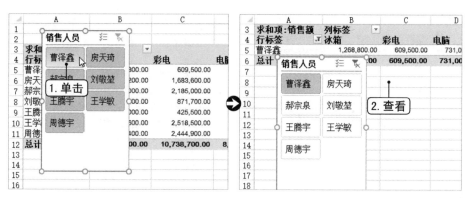

图6-43

2.筛选多个项目

如果用户需要单独对多个项目进行分析，使用切片器也可以快速实现。一种方法是先选择一个项目，然后按住【Ctrl】或【Shift】键选择其他项目，如图6-44左图所示；二是先选择一个项目，然后单击"多选"按钮，接着继续选择其他项目，如图6-44右图所示。

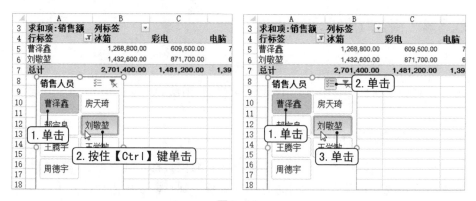

图6-44

 知识延伸 |【Ctrl】键和【Shift】键的区别

按住【Ctrl】键进行选择，只会选择用户选择过的项目；按住【Shift】键选择，则会选择第一次选择和第二次选择的项目之间的所有项目。

3.同时使用多个切片器

在数据透视表中可以使用多个切片器同时对数据透视表的数据进行筛选，其操作与单个切片器操作相同，只需要单击对应的筛选按钮即可，如图6-45所示。

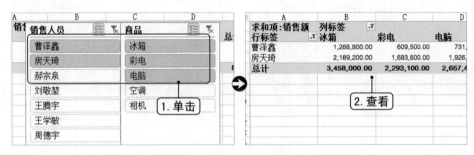

图6-45

6.3.5　共享切片器控制多个数据透视表

切片器不仅可以对报表数据进行筛选，还可以设置数据透视表连接，实现切片器共享，从而实时对多个数据透视表的数据进行相同条件的筛选操作，实现联动效果。

例如，在"年度出勤统计"工作簿创建了4个数据透视表分别分析不同季度员工的出勤情况，现在以创建一个切片器控制4个数据透视表筛选出勤数据为例，讲解相关操作。

案例精解

将4个数据透视表连接到同一个切片器

本节素材	◎/素材/Chapter06/年度出勤统计.xlsx
本节效果	◎/效果/Chapter06/年度出勤统计.xlsx

步骤01 打开"年度出勤统计"素材文件，切换到切片器所在的工作表，即"四季度"工作表，在"员工姓名"切片器上右击，在弹出的快捷菜单中选择"报表连接"命令，如图6-46所示。

步骤02 在打开的"数据透视表连接（员工姓名）"对话框中选中所有的复选框，单击

"确定"按钮，如图6-47所示。

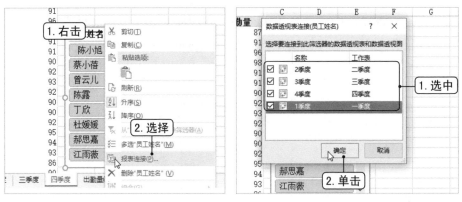

图6-46   图6-47

步骤03 在切片器中筛选需要查看的员工出勤信息时，各个季度的数据都进行了筛选，如图6-48所示。

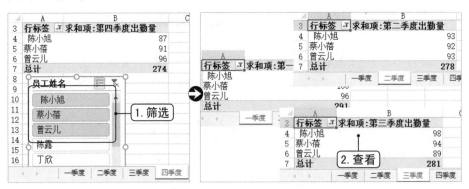

图6-48

6.3.6 清除切片器的筛选器

切片器在经过使用后，可以将切片器内容进行全部清除。清除切片器主要有3种方法，分别是通过组合键清除、通过快捷菜单清除和通过"清除筛选器"按钮清除。

● **通过组合键清除** 通过组合键清除比较简单，只需要选择切片器，按【Alt+C】组合键即可清除。

● 通过快捷菜单清除　在切片器任意区域右击，在弹出的快捷菜单中选择对应的清除筛选器命令即可，如图6-49所示。

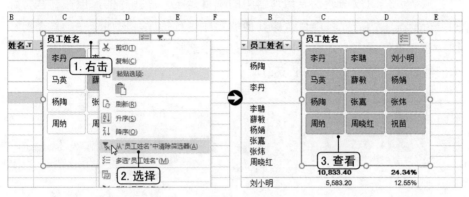

图6-49

● 通过"清除筛选器"按钮清除　直接单击切片器右上角的"清除筛选器"按钮即可快速完成切片器筛选器的清除，如图6-50所示。

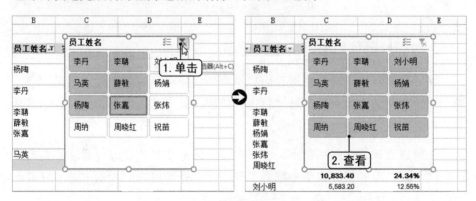

图6-50

6.3.7　对切片器内的项目进行排序

创建切片器后，其中项目的排序方式可能并不符合实际筛选和分析需要，这时还可以对切片器内的项进行排序，从而方便在切片器内查看和筛选数据项。

1.对切片器项目进行简单排序

默认创建的数据透视表切片器中的项目是按升序排序的，但在一些特殊的分析情况下，需要将项目按照其他的顺序进行排序，例如降序。只需要在切片器任意位置右击，在弹出的快捷菜单中选择"降序"命令即可将切片器中的项目进行降序排列，如图6-51所示。

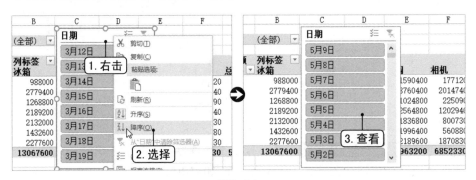

图6-51

2.对切片器项目进行自定义排序

除了可以对切片器项目进行简单排序外，还可以对其进行自定义排序，即按照自定义的序列对切片器项目进行排序，其方法与前面介绍的数据透视表的自定义排序的操作基本相同。

在数据透视表中添加自定义排序序列，然后在切片器的任意位置单击鼠标右键，在弹出的快捷菜单中选择"升序"命令即可将切片器中的项目进行自定义排序，如图6-52所示。

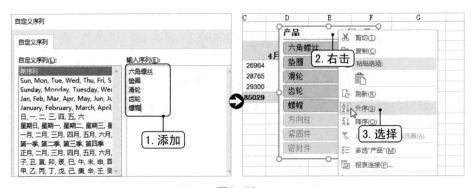

图6-52

6.3.8 断开切片器连接和删除切片器

用户在完成当前数据分析和筛选工作后，可能暂时不会用到创建的切片器，这时就有两种方法对切片器进行处理，分别是断开切片器连接和删除切片器，下面分别进行介绍。

1.断开切片器连接

当断开切片器与数据透视表的连接之后，单击切片器中的按钮将不会再对数据透视表中的数据进行筛选。

要断开切片器的连接，只需要选择切片器，在"切片器工具 选项"选项卡"切片器"组中单击"报表连接"按钮，在打开的数据透视表连接对话框中取消选中对应数据透视表的复选框，单击"确定"按钮即可完成操作，如图6-53所示。

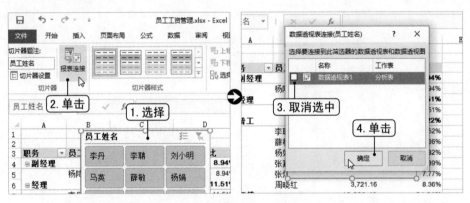

图6-53

如果要重新使用该切片器筛选数据，只需要在数据透视表连接对话框中重新选中对应的数据透视表复选框即可。

2.删除切片器

如果已经确定某个切片器不再需要，或是报表分析结束需要删除所有的切片器，就需要了解删除切片器的相关操作。

● **通过快捷键删除** 选择切片器，然后直接按【Delete】键即可删除。

● **通过快捷菜单删除** 在切片器任意位置右击，在弹出的快捷菜单中选择删除对应名称切片器的命令即可，如图6-54所示。

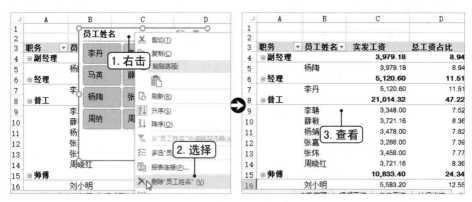

图6-54

第 7 章

将报告中的同类数据进行组合

本章导读

数据透视表自带有分类汇总功能，但在透视分析数据时，该功能得到的分组难以满足用户所有的分析需求，这时就可以使用数据透视表中的项目组合功能，从而实现对数据透视表数据的自由组合和汇总。

知识要点

- 视情况而定，选择合适的分组方式
- 另寻他法，借助函数对数据透视表分组

7.1　视情况而定，选择合适的分组方式

在Excel中，程序为数据透视表提供了两种分组方式，一种是手动分组，另一种是自动分组。根据数据量的多少，或数据的结构组成，应视情况而定，选择最方便和合适的分组方式，下面分别介绍这两种分组方式。

7.1.1　少量或部分数据手动分组

对于数据透视表中数据量较少或是想要将一些相邻的数据分组，又或者数据透视表中没有对应的分组项目，此时则可以通过手动分组的方式对数据透视表进行快速分组。

下面在"电器销售"工作簿中按照城市的地理位置，即华北（北京、天津、郑州、太原）；东北（沈阳）；华东（上海、苏州、合肥、杭州、南京）；西南（贵阳、昆明）；华中（武汉）5个地区进行分组，以此为例讲解相关操作。

案例精解

对报表中的不同地理位置的城市进行分组

本节素材	◎/素材/Chapter07/电器销售.xlsx
本节效果	◎/效果/Chapter07/电器销售.xlsx

步骤01 打开"电器销售"素材文件，选择要移动的一行或多行，将鼠标光标移动到对应的字段单元格右侧，当鼠标光标变为十字箭头形状时，按住鼠标左键进行拖动，使北京、天津、郑州和太原排列在一起，如图7-1所示。

步骤02 选择北京、天津、郑州和太原的所有数据项，单击"数据透视表工具 分析"选项卡"分组"组中的"组选择"按钮，如图7-2所示。

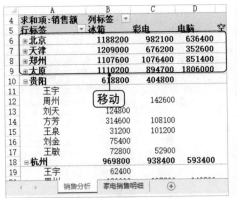

图7-1

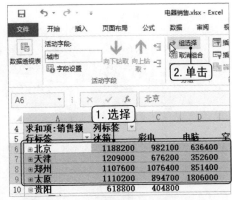

图7-2

步骤03 选择A6单元格，将文本插入点定位到编辑栏中，输入"华北地区"文本，按【Enter】键确定，如图7-3所示。

步骤04 用同样的方法将华东地区（上海、苏州、合肥、杭州、南京）的数据移动到一起，选择这5项的所有数据项，单击"数据透视表工具 分析"选项卡"分组"组中的"组选择"按钮，如图7-4所示。

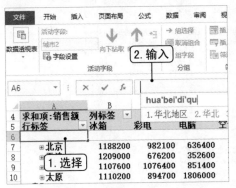

图7-3

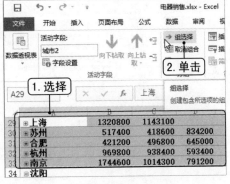

图7-4

步骤05 选择组合后的单元格，这里选择A29单元格，将文本插入点定位到编辑栏中，输入"华东地区"文本，按【Enter】键确定，如图7-5所示。

步骤06 输入完成后即可查看到数据透视表中所有华东地区的城市都被分在同一个组中，如图7-6所示。

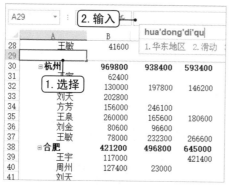

图7-5

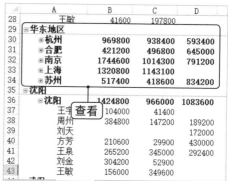

图7-6

步骤07 用同样的方法将其他3个地区的城市进行分组，即可在数据透视表中查看最终效果，如图7-7所示。

	A	B	C	D	E	F	G	H
6	⊟华北地区							
7	⊞北京	1188200	982100	636400	1243200	431730	4481630	
8	⊞天津	1209000	676200	352600	1635200	686340	4559340	
9	⊞郑州	1107600	1076400	851400	1024800	988920	5049120	
10	⊞太原	1110200	894700	1806000	1576400	498150	5885450	
11	⊟西南地区							
12	⊞贵阳	618800	404800		733600	512910	2270110	
13	⊞昆明	387400	627900	593400	526400	649440	2784540	
14	⊟华东地区							
15	⊞杭州	969800	938400	593400	1397200	586710	4485510	
16	⊞合肥	421200	496800	645000	1122800	254610	2940410	
17	⊞南京	1744600	1014300	791200	971600	380070	4901770	
18	⊞上海	1320800	1143100		1142400	442800	4049100	
19	⊞苏州	517400	418600	834200	420000	166050	2356250	
20	⊟东北地区							
21	⊞沈阳	1424800	966000	1083600	1766800	369000	5610200	

图7-7

7.1.2 大量有规律的数据进行自动分组

数据透视表中的数据如果存在一定的规律，并且数据量较大，那么通过手动分组就比较耗费时间。对于此，数据透视表提供了一些特殊的分组方法，下面分别介绍。

1.以"日"为单位组合日期数据

在使用数据透视表进行数据分析时，许多数据透视表中都会存在日期数据，有时需要对日期数据进行分组。如果日期是按照日、周记录的，则可以以"日"为单位进行分组。

下面在"电器销售2"工作簿以7天（一周）为一个周期进行分组，以此为例讲解相关操作。

案例精解

将日期以7天为一个周期进行分组

本节素材	◎/素材/Chapter07/电器销售2.xlsx
本节效果	◎/效果/Chapter07/电器销售2.xlsx

步骤01 打开"电器销售2"素材文件，选择数据透视表中的任意日期数据单元格，在"数据透视表工具 分析"选项卡"分组"组中单击"组选择"按钮，如图7-8所示。

步骤02 在打开的"组合"对话框的"步长"列表框中仅选择"日"选项，在"天数"数值框中输入"7"，单击"确定"按钮，如图7-9所示。

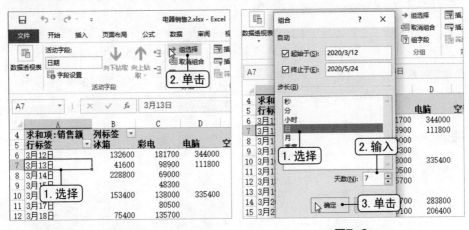

图7-8　　　　　　　　　　图7-9

步骤03 返回数据透视表即可查看最终效果，如图7-10所示。

	A	B	C	D	E	F	G
4	求和项:销售额	列标签					
5	行标签	冰箱	彩电	电脑	空调	相机	总计
6	2020/3/12 - 2020/3/18	631800	752100	791200	716800	811800	3703700
7	2020/3/19 - 2020/3/25	707200	448500	842800	686000	391140	3075640
8	2020/3/26 - 2020/4/1	1362400	1150000	1737200	1268400	966780	6484780
9	2020/4/2 - 2020/4/8	1562600	1138500	980400	1495200	907740	6084440
10	2020/4/9 - 2020/4/15	1235000	963700	636400	1380400	579330	4794830
11	2020/4/16 - 2020/4/22	1383300	1005100	868600	1848000	476010	5580910
12	2020/4/23 - 2020/4/29	1406600	1278800	885800	1649200	660510	5880910

图7-10

2.以"月"为单位组合日期数据

通常在进行数据分析时，不会以日为单位进行分析，以月为单位进行分析是比较常见的，例如分析企业销售部门的月销售额、企业生产部门的月生产量等。

下面以在"生产分析"工作簿中将各员工的产品生产量以"月"为单位进行分组为例讲解相关操作。

案例精解

以"月"为单位分析员工每月生产各产品的数量

本节素材	◎/素材/Chapter07/生产分析.xlsx
本节效果	◎/效果/Chapter07/生产分析.xlsx

步骤01 打开"生产分析"素材文件，选择数据透视表中的任意日期数据单元格，在"数据透视表工具 分析"选项卡"分组"组中单击"组选择"按钮，如图7-11所示。

步骤02 在打开的"组合"对话框的"步长"列表框中仅选择"月"选项，直接单击"确定"按钮，如图7-12所示。

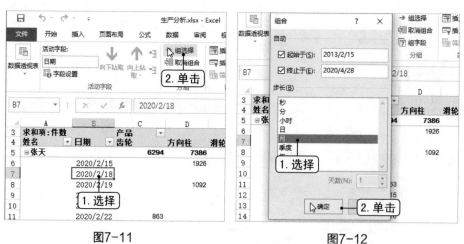

图7-11　　　　　　　　　　　　　　图7-12

步骤03 完成设置后返回数据透视表，即可查看到各员工各月的生产数量，如图7-13所示。

	A	B	C	D	E	F	G	H
3	求和项:件数		产品 ▼					
4	姓名 ▼	日期 ▼	齿轮	方向柱	滑轮	紧固件	密封件	总计
5	⊟张天		6294	7386	4078	14760	11454	43972
6		2月	3394	3018	1161	5997		13570
7		3月	2900	4368	2917	8763	10352	29300
8		4月					1102	1102
9	⊟刘俊杰		13206	8567	11241	10514	11061	54589
10		2月	3083	5787		3956	1410	14236
11		3月	5801	991	10041	2832	7299	26964
12		4月	4322	1789	1200	3726	2352	13389
13	⊟陈佳		9080	12363	16906	9555	4137	52041
14		2月		4330	4271	2366	2884	13851
15		3月	9080	4720	7952	5760	1253	28765
16		4月		3313	4683	1429		9425
17	总计		28580	28316	32225	34829	26652	150602

查看

图7-13

除了前面介绍的以"日""月"为单位进行日期数据分组外,还可以以"年""季度""时""分"以及"秒"为单位进行分组,操作方法基本相同,这里不再重复介绍。

3.将数据按照等步长分组

前面介绍的两种分组方式主要是针对日期型数据的分组,在数据透视表中对于数值型数据同样可以按照相同步长进行分组,例如将销售人员的销售数据每增加1 000元分为一组。

下面在"员工体检数据分析"工作簿以5步长为单位统计各个身高区间的员工人数,以此为例讲解相关操作。

案例精解
以5步长为单位分组统计公司员工的身高情况

本节素材	◎/素材/Chapter07/员工体检数据分析.xlsx
本节效果	◎/效果/Chapter07/员工体检数据分析.xlsx

步骤01 打开"员工体检数据分析"素材文件,选择任意身高数据单元格,右击在弹出的快捷菜单中选择"创建组"命令,如图7-14所示。

步骤02 在打开的"组合"对话框保持其他内容不变,在"步长"文本框中输入"5",单击"确定"按钮即可,如图7-15所示。

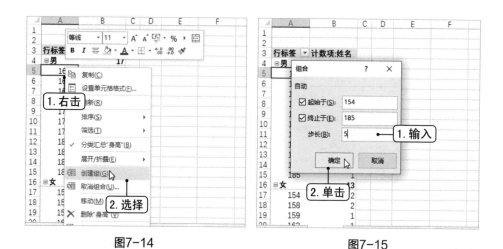

图7-14　　　　　　　　　　　　　　　　图7-15

步骤 03 完成设置后返回数据透视表，即可查看到所有的数据已经按照5步长为单位进行统计，如图7-16所示。

图7-16

7.1.3　组合项目如何取消

在对数据透视表字段进行分组后，如果需要将其还原，只需要将组合后的数据进行拆分即可。取消项目组合主要可以分为取消手动组合的项目和取消自动组合的项目。

1.取消手动组合的项目

要取消手动组合的项目，一般有两种不同的形式，分别是取消部分组合项目和取消全部组合项目，具体介绍如下。

● 取消部分组合项 选择需要取消组合的数据项，在"数据透视表工具 分析"选项卡"分组"组中单击"取消组合"按钮，即可取消该数据项的组合，如图7-17所示。

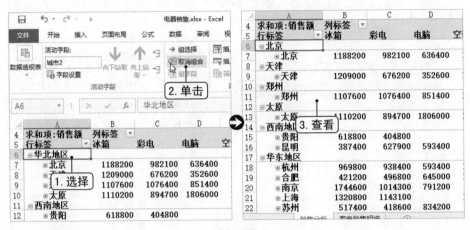

图7-17

● 取消全部组合 要取消全部手动组合，只需要将鼠标光标移动到组合项行标签下边缘，待鼠标光标变为向下黑箭头时单击鼠标左键，在"数据透视表工具 分析"选项卡"分组"组中单击"取消组合"按钮即可取消所有手动组合，如图7-18所示。

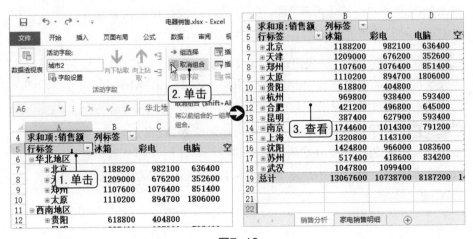

图7-18

知识延伸 | 通过快捷菜单取消组合

除了在"数据透视表工具 选项"选项卡中设置取消组合，还可以直接在需要取消组合的数据项上右击，在弹出的快捷菜单中选择"取消组合"命令即可取消组合，如图7-19所示。通过快捷菜单不仅可以取消部分手动组合项目，也可以取消所有手动组合项目。

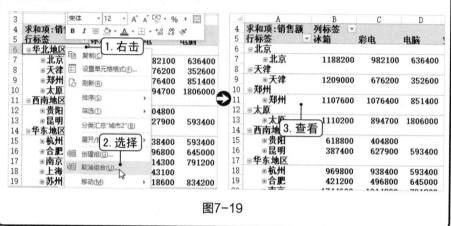

图7-19

2.取消自动组合的项目

数据透视表中除了有手动添加的分组项目外，还有自动分组项目。取消自动分组项目的方法主要有3种，分别是通过快捷键取消、通过功能区按钮取消以及通过快捷菜单取消。

● **通过快捷键取消** 通过快捷键可以快速取消自动组合项目，首先选择任意需要取消的自动组合项目单元格，然后直接按【Shift+Alt+←】组合键，即可快速取消当前选择的自动组合的项目。

● **通过功能区按钮取消** Excel中设置的功能区按钮可以实现快速取消自动组合项目，首先选择需要取消的组合项目单元格，然后在"数据透视表工具分析"选项卡"分组"组中单击"取消组合"按钮即可取消自动组合项目，如图7-20所示。

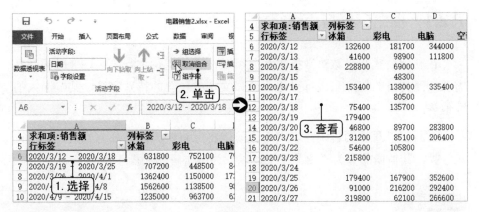

图7-20

● 通过快捷菜单取消 选择需要取消的组合项目单元格，右击并在弹出的快捷菜单中选择"取消组合"命令即可取消组合，如图7-21所示。

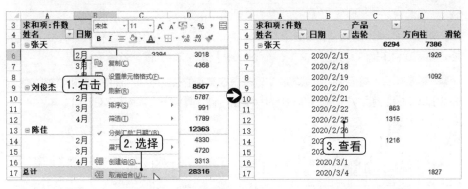

图7-21

7.2 另寻他法，借助函数对数据透视表分组

数据透视表中自带的一些分组方法在实际使用过程中存在多种限制，不能满足用户所有分组需要。然而，Excel中还自带了函数功能，通过函数可以对数据透视表实现不同分组需求。

7.2.1 根据自身特点进行分组

在利用公式和函数对数据进行分组时，不是随意进行的，许多时候都是需要按照自身的特点来进行分组，比如文本中包含的特殊字符，某范围内的数值等。

下面在"商品销售统计表"工作簿中将所有钩类商品分为一类，即"钩具"类，其他商品分为"商品"类，以此为例讲解相关操作。

案例精解

分类统计经销产品中的钩具和商品

本节素材	◎/素材/Chapter07/商品销售统计表.xlsx
本节效果	◎/效果/Chapter07/商品销售统计表.xlsx

步骤01 打开"商品销售统计表"素材文件，切换至"销售"工作表，选择J1单元格，在编辑栏中输入"类别"文本，按【Enter】键确定，如图7-22所示。

步骤02 选择J2单元格，在编辑栏中输入获取类别的公式 "=IF(IFERROR(FIND("钩",[@货品名称]),0),"钩具","商品")"，按【Ctrl+Enter】组合键计算结果，如图7-23所示。

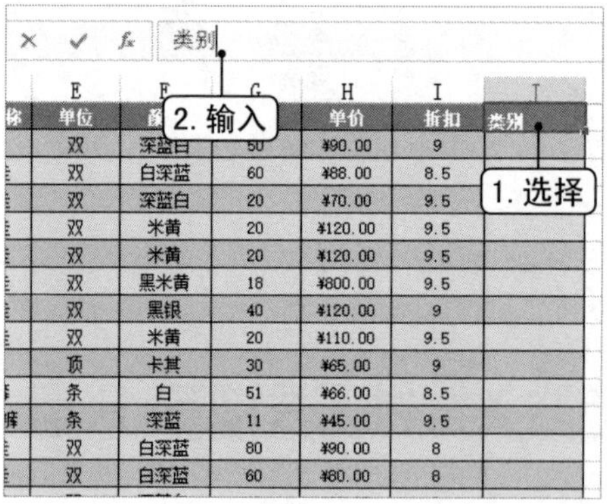

图7-22 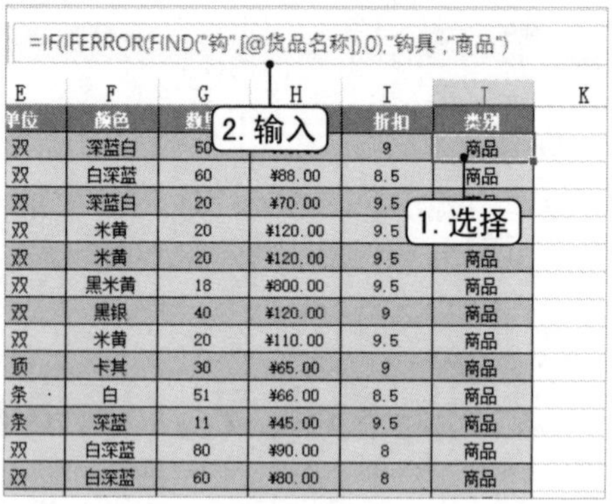　　　　图7-23

步骤03 切换至"Sheet1"工作表，选择数据透视表中的任意数据单元格，右击，在弹出的快捷菜单中选择"刷新"命令，如图7-24所示。

步骤04 将"数据透视表字段"窗格中新出现的"类别"字段拖动到"行"区域中第一的位置，如图7-25所示。

图7-24 图7-25

步骤 05 完成设置后返回数据透视表，即可查看到通过公式实现分组的最终结果，如图7-26所示。

行标签	求和项:单号	求和项:数量	求和项:单价	求和项: 折扣
⊟钩具				
袜钩	4195	1	6	9.5
围巾钩	4195	1	18	9.5
新挂衣钩	4195	6	12	9.5
⊟商品				
毛衣	4025	50	90	9
男T恤	4251	24	70	8.5
女短套裤	4184	11	45	9.5
墙架	4195	3	20	9.5
球托	4195	1	9	9.5
围巾	4174	30	65	9
休闲鞋	49700	233	1840	104
衣杆	8390	9	28	19
运动裤	4184	51	66	8.5
运动鞋	37597	400	766	72.5
足球	4323	20	60	8.5

图7-26

7.2.2 按不等距步长组合数据项

前面介绍过在数据透视表中进行等步长分组，在实际操作中，有时却需要对不等距步长的数值型数据进行分组。如果表格的数据量大，通过手动的方式分组显得较为烦琐。对此，可以通过添加辅助列的方式来进行不等距步长数据分组。

下面在"11月订单统计表"工作簿中分析11月上旬、中旬和下旬的商品订购情况，以此为例讲解相关操作。

案例精解

统计11月上旬、中旬和下旬商品订购情况

本节素材	◎/素材/Chapter07/11月订单统计表.xlsx
本节效果	◎/效果/Chapter07/11月订单统计表.xlsx

步骤01 打开"11月订单统计表"素材文件，选择I1单元格，在编辑栏中输入"时段"文本，按【Enter】键确定，如图7-27所示。

步骤02 选择I2单元格，在编辑栏中输入获取时段的公式"=IF(DAY(A2)<11,"上旬",IF(DAY(A2)<21,"中旬","下旬"))"，按【Enter】键计算，然后填充该列其他数据项，如图7-28所示。

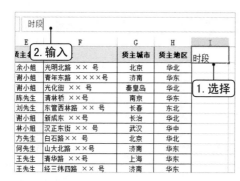

图7-27   图7-28

步骤03 以表中数据创建数据透视表，然后对报表进行布局，即可查看到最终效果，如图7-29所示。

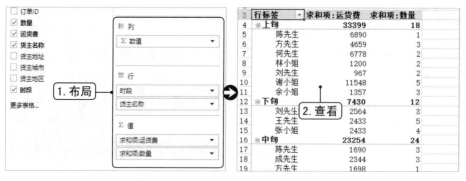

图7-29

第8章

分析报告中的数据计算操作怎么做

本章导读

使用数据透视表分析数据的过程中，经常需要对数据透视表中的字段项进行计算。然而数据透视表中无法像普通表格一样进行计算，要实现计算操作，则需要使用计算字段或计算项实现。

知识要点

- 更改汇总方式，不只可以求和
- 相同的数据，分析出不同的结果
- 使用计算字段，方便报表计算
- 使用计算项，进行报表数据计算

8.1 更改汇总方式，不只可以求和

在默认情况下，数据透视表中数值类型值字段采用的是求和汇总方式；对非数值字段采用的是计数的汇总方式。

但是数据透视表中并非只有这两种汇总方式，数据透视表提供的汇总方式有平均值、最大值、最小值以及方差等，如图8-1所示。

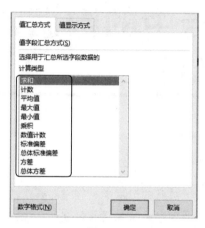

图8-1

8.1.1 更改数据透视表字段汇总方式

数据分析工作者在创建了数据透视表后，默认会对"值"区域的数据进行求和或者计数汇总。然而这种汇总方式并不是不可改变的，在进行数据分析时，用户可以根据实际需求更改字段的汇总方式。

下面具体介绍更改字段汇总方式的三种方式。

● **通过字段列表更改** 在"数据透视表字段"窗格的"值"区域单击需要更改汇总方式的字段，在弹出的下拉菜单中选择"值字段设置"命令，在打开的"值字段设置"对话框中单击"值汇总方式"选项卡，在"计算类型"列表框中选择要更改的汇总方式，这里选择"平均值"选项，单击"确定"按钮，如图8-2所示。

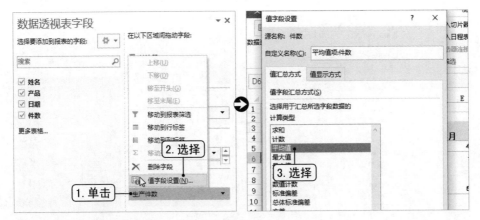

图8-2

● **通过快捷菜单命令更改** 在数据透视表中需要更改字段汇总方式的单元格上右击，在弹出的快捷菜单中选择"值汇总依据"命令，在其子菜单中选择合适的汇总方式即可，如图8-3所示。

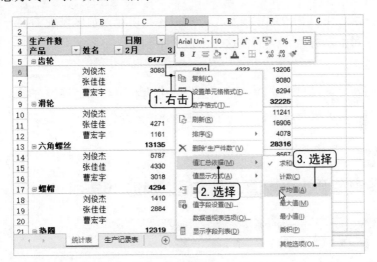

图8-3

● **双击值字段标题进行修改** 在数据透视表中双击要更改值汇总方式的值字段标题，即可打开"值字段设置"对话框，在"值汇总方式"选项卡的"计算类型"列表框中选择需要的汇总方式，单击"确定"按钮即可完成操作，如图8-4所示。

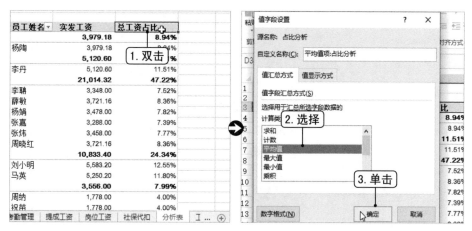

图8-4

8.1.2 对同一字段应用多种汇总方式

用户除了可以更改值字段汇总方式，还可以对数值区域中的同一字段同时使用多种汇总方式，从而在这一字段中得到多个不同的分析数据，从而提高分析效率。

下面在"商品销售金额分析"工作簿中为利用数据透视表分析销售金额的平均值、最大值及最小值，以此为例讲解相关操作。

案例精解

分析销售金额的平均值、最大值以及最小值

本节素材	◎/素材/Chapter08/商品销售金额分析.xlsx
本节效果	◎/效果/Chapter08/商品销售金额分析.xlsx

📌 **步骤01** 打开"商品销售金额分析"素材文件，在"商品月销售报表"工作表中的"数据透视表字段"窗格中将"地区""城市"字段拖动到"行"区域，连续将"金额"字段拖动3次到"值"区域，如图8-5所示。

📌 **步骤02** 单击"值"区域中的"求和项：金额"字段，在弹出的下拉菜单中选择"值字段设置"命令，如图8-6所示。

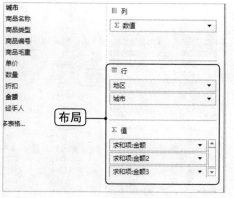
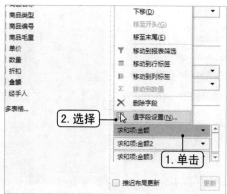

图8-5　　　　　　　　　　　　　　　图8-6

步骤03 在打开的"值字段设置"对话框的"值汇总方式"选项卡的"计算类型"列表框中选择"平均值"选项，在"自定义名称"文本框中输入"平均销售金额"文本，如图8-7所示，单击"确定"按钮。

步骤04 在"值"区域中单击"求和项：金额2"字段，在弹出的下拉菜单中选择"值字段设置"命令，在打开的"值字段设置"对话框的"计算类型"列表框中选择"最大值"选项，在"自定义名称"文本框中输入"最大销售金额"文本，如图8-8所示，单击"确定"按钮。

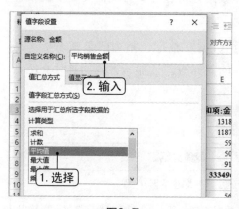
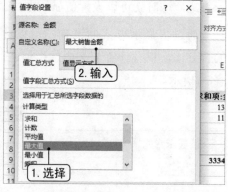

图8-7　　　　　　　　　　　　　　　图8-8

步骤05 在"值"区域中单击"求和项：金额3"字段，在弹出的下拉菜单中选择"值字段设置"命令，在打开的"值字段设置"对话框的"计算类型"列表框中选择"最小值"选项，在"自定义名称"文本框中输入"最小销售金额"文本，如图8-9所示，单击"确定"按钮。

步骤06 完成后即可在返回的数据透视表查看各地区、各城市的销售金额的平均值、最大值和最小值，如图8-10所示。

图8-9   图8-10

8.2 相同的数据，分析出不同的结果

前面介绍的通过值汇总方式可以实现相同数据显示不同结果，但是使用值汇总方式存在一定的局限性，在实际数据分析过程中可能需要更多的值显示方式，这时就可以设置值显示方式。

通过值显示方式的设置，可以计算数据在整行、整列或是整个值区域的百分比，以及计算与某个标准值之间的差异等。值显示方式的具体介绍如表8-1所示。

表8-1

值显示方式	具体介绍
无计算	值的默认显示方式，显示原始汇总数据
总计的百分比	将数据透视表中所有数据的总和显示为100%，然后将每一项数据显示为占总和的百分比
列汇总的百分比	将数据透视表中每一列数据的总和显示为100%，该列内其他数据显示为占总和的百分比

值显示方式	具体介绍
行汇总的百分比	将数据透视表中每一行数据的总和显示为100%，该行内其他数据显示为占总和的百分比
百分比	显示值为"基本字段"中"基本项"值的百分比
父行汇总的百分比	显示的值为每个数据项占该行父级项总和的百分比。计算公式：（该项的值）/（行上父项的值）
父列汇总的百分比	显示的值为每个数据项占该列父级项总和的百分比。计算公式：（该项的值）/（列上父项的值）
父级汇总的百分比	数据区域字段分别显示为每个数据项占该行和列父级项总的百分比。计算公式：（该项的值）/（所选基本字段中父项的值）
差异	显示值为"基本字段"中"基本项"值的差值
差异百分比	显示值为"基本字段"中"基本项"值的百分比差值
按某一字段汇总	显示的值为当前字段及之前字段的值汇总
按某一字段汇总的百分比	显示的值为当前字段及之前字段的值汇总占字段汇总的百分比
升序排列	显示值在整个字段中按照升序排序的位次
降序排列	显示值在整个字段中按照降序排序的位次
指数	计算公式：(单元格中的值)×(整体总计)) / ((行总计)×(列总计)

8.2.1　差异分析的主要内容

差异分析就是分析其他行与某行或某列数据之间的差值，在数据分析过程中使用较多，实际上就是使用其他行或者列的数据减去标准行或列中的值的结果。

按照差异分析选择的标准不同，可以分为数据项差异分析和字段差异分析两种；按照分析结果显示方式不同，可以分为常规差异分析和百分比差异分析两种。下面具体介绍几种常用差异分析。

1.数据项差异分析

数据项主要是指数据透视表中的一行数据，数据项差异分析就是分析其他行与选择的标准行之间的差异情况。

下面在"电器销售数据"工作簿中分析企业第二季度后两月相较于4月的销售额增减情况，以此为例讲解相关操作。

案例精解

分析第二季度后两月相较于4月的增减情况

本节素材	◎/素材/Chapter08/电器销售数据.xlsx
本节效果	◎/效果/Chapter08/电器销售数据.xlsx

步骤01 打开"电器销售数据"素材文件，在"销售分析"工作表中的数据透视表的任意数据单元格上右击，在弹出的快捷菜单中选择"值显示方式"命令，在其子菜单中选择"差异"命令，如图8-11所示。

步骤02 在打开的"值显示方式（求和项：销售额）"对话框中设置"基本字段"为"日期"，设置"基本项"为"4月"，单击"确定"按钮，如图8-12所示。

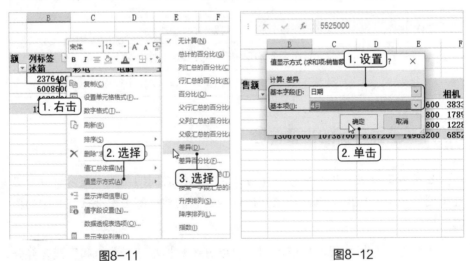

图8-11   图8-12

步骤03 返回数据透视表中即可查看第二季度后两月相较于4月的销售额增减情况，如图8-13所示。

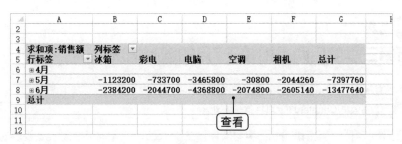

图8-13

知识延伸 | 设置值显示方式的说明与其他方式

　　在打开的"值显示方式"对话框中，"基本字段"和"基本项"下拉列表框中的选项都是根据数据透视表中的数据生成的，前一个下拉列表框中一般是字段标题，后一个下拉列表框中一般是字段值。

　　此外，除了在"值显示方式"对话框中进行设置外，还可以在"值字段设置"对话框中单击"值显示方式"选项卡，在其中分别设置值显示方式、基本字段和基本项即可，如图8-14所示。

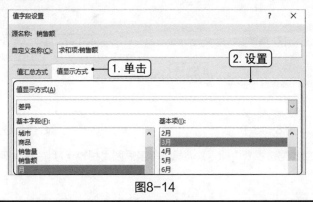

图8-14

2.字段差异分析

　　数据透视表中字段通常是指一列数据，字段差异分析就是分析其他列与选择的标准列之间的差异情况。字段差异分析与数据项差异分析实质上是相同的，相当于将行和列进行了交换。

　　下面在"家电销售分析"工作簿中分析企业第三季度后两月相较于7月的销售额增减情况，以此为例讲解相关操作。

案例精解

分析第三季度后两月相较于7月的增减情况

本节素材	⊙/素材/Chapter08/家电销售分析.xlsx
本节效果	⊙/效果/Chapter08/家电销售分析.xlsx

步骤01 打开"家电销售分析"素材文件，在"Sheet1"工作表中的数据透视表的任意数据单元格上右击，在弹出的快捷菜单中选择"值显示方式"命令，在其子菜单中选择"差异"命令，如图8-15所示。

步骤02 在打开的"值显示方式（求和项：销售额）"对话框中设置"基本字段"为"日期"，设置"基本项"为"（上一个）"，单击"确定"按钮，如图8-16所示。

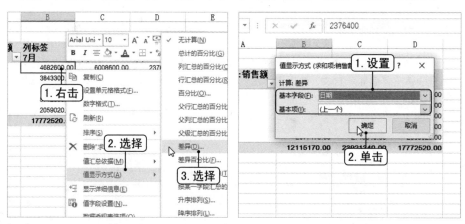

图8-15   图8-16

步骤03 返回数据透视表中即可查看第三季度后两月相较于7月的销售额增减情况，如图8-17所示。

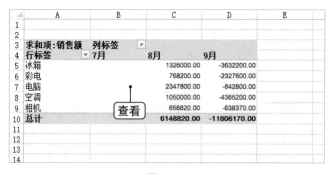

图8-17

3.差异百分比分析

差异百分比分析与差异分析相似，不同的是差异百分比需要在计算出差值以后，再使用差值除以基本项，并且结果需要使用百分比形式展示。

在实际数据分析工作中，差异百分比分析常用于分析增长百分比等，例如某个数据同比增长多少，环比增长多少等。

下面在"企业费用开支对比"工作簿中分析企业各项费用支出的环比增长率，以此为例讲解相关操作。

案例精解

分析各项支出费用的环比增长率

本节素材	⊙/素材/Chapter08/企业费用开支对比.xlsx
本节效果	⊙/效果/Chapter08/企业费用开支对比.xlsx

步骤01 打开"企业费用开支对比"素材文件，在"分析"工作表中的数据透视表的任意数据单元格上右击，在弹出的快捷菜单中选择"值显示方式"命令，在其子菜单中选择"差异百分比"命令，如图8-18所示。

步骤02 在打开的"值显示方式（求和项：值）"对话框中设置"基本字段"为"列"，设置"基本项"为"（上一个）"，单击"确定"按钮，如图8-19所示。

图8-18　　　　　　　　　　　　　　图8-19

步骤03 返回到数据透视表中即可查看企业各项费用支出的环比增长率结果，如图8-20所示。

	A	B	C	D	E	F	G	H	I	J	K
3	求和项:值	项目									
4	月份	办公费	保险费	广告费	水电费	通讯费	薪金	杂费	租金	差旅费	
5	1月										
6	2月	0.20%	50.20%	6.93%	-6.45%	-8.89%	-36.61%	-17.88%	-21.12%	-44.61%	
7	3月	45.88%	-40.43%	-10.50%	122.46%	-24.65%	18.61%	5.77%	-44.07%	8.65%	
8	4月	-39.00%	-16.92%	-35.11%	-26.33%	52.65%	13.64%	-25.77%	190.19%	3.77%	
9	5月	-14.14%	3.28%	-29.01%	-14.04%	-31.58%	-30.25%	80.30%	-30.13%	0.29%	
10	6月	17.91%	-41.44%	85.89%	17.35%	-53.80%	68.05%	-24.14%	-46.14%	30.43%	
11	7月	-12.37%	186.16%	3.37%	-30.08%	170.43%	-21.43%	-38.72%	190.42%	-33.13%	查看
12	8月	25.83%	-20.31%	11.89%	28.83%	-43.28%	-20.30%	37.73%	-46.27%	33.45%	
13	9月	7.52%	-5.60%	-48.64%	61.96%	19.15%	6.07%	-23.35%	-46.76%	-5.58%	
14	10月	-18.38%	48.51%	8.83%	-50.75%	115.33%	50.23%	-11.18%	26.81%	25.99%	
15	11月	-11.00%	-41.88%	120.67%	37.07%	-19.63%	8.55%	30.34%	20.39%	13.86%	
16	12月	-9.98%	75.20%	-32.67%	-19.04%	-49.32%	-24.27%	-20.17%	31.21%	-56.19%	
17											
18											

图8-20

8.2.2　总计百分比分析

在实际报表分析工作中，可能会遇到需要分析某个数据占总和数据的百分比，此时就可以直接使用"总计的百分比"值显示方式。

这种值显示方式常用于分析数据占比，例如分析某个销售人员的销售额占企业整体销售额的百分比、某种型号产品的销售量占该类产品销售量总和的比例等。

下面在"文具销售情况分析"工作簿中分析各员工文具销售占公司总销售额的比重情况，以此为例讲解相关操作。

【案例精解】

分析各员工销售额占公司总销售额的情况

本节素材	◎/素材/Chapter08/文具销售情况分析.xlsx
本节效果	◎/效果/Chapter08/文具销售情况分析.xlsx

🖱 步骤01　打开"文具销售情况分析"素材文件，在"分析表"工作表中的数据透视表的任意数据单元格上右击，在弹出的快捷菜单中选择"值字段设置"命令，如图8-21所示。

🖱 步骤02　在打开的"值字段设置"对话框中单击"值显示方式"选项卡，单击"值显示方式"下拉列表框，选择"总计的百分比"选项，如图8-22所示。

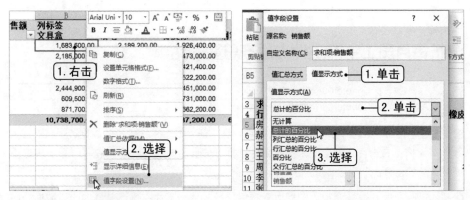

图8-21　　　　　　　　　　　　　　　　图8-22

步骤03 单击"确定"按钮后即可在返回的数据透视表中查看各员工的文具销售情况，如图8-23所示。

求和项:销售额	列标签					
行标签	文具盒	铅笔	橡皮擦	钢笔	中性笔	总计
房天琦	3.13%	4.07%	3.58%	2.24%	4.77%	17.78%
郝宗泉	4.06%	3.96%	0.88%	1.49%	3.41%	13.80%
王腾宇	0.79%	1.84%	0.78%	0.33%	2.96%	6.69%
王学敏	4.68%	4.23%	2.83%	3.48%	4.07%	19.29%
周德宇	4.54%	5.17%	4.55%	3.74%	6.99%	25.00%
李江	1.13%	2.36%	1.36%	0.42%	1.90%	7.17%
张灵	1.62%	2.66%	1.23%	1.04%	3.71%	10.27%
总计	19.96%	24.29%	15.22%	12.73%	27.81%	100.00%

查看

图8-23

8.2.3　行/列汇总百分比分析

总计的百分比是对整个报表的值字段进行汇总分析，有时只需要对行或列进行汇总分析，此时就可以使用对应的行汇总百分比分析或是列汇总百分比分析快速实现。

下面在"生产情况分析"工作簿中分析每月员工生产工件占生产总量的比重，以此为例讲解相关操作。

案例精解

分析每月员工生产工件占生产总量的比重

本节素材	◉/素材/Chapter08/生产情况分析.xlsx
本节效果	◉/效果/Chapter08/生产情况分析.xlsx

步骤01 打开"生产情况分析"素材文件，在"统计表"工作表中的数据透视表的任意数据单元格上右击，在弹出的快捷菜单中选择"值显示方式"命令，在其子菜单中选择"列汇总的百分比"命令，如图8-24所示。

步骤02 此时在数据透视表中即可查看每月员工生产工件占生产总量的比重数据，如图8-25所示。

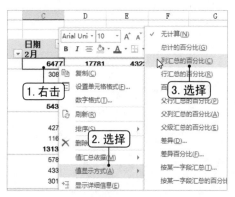

图8-24

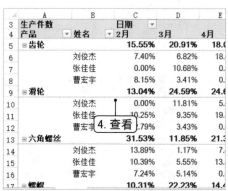

图8-25

行汇总的百分比分析与列汇总的百分比分析的操作相似，只需要在"值显示方式"子菜单中选择"行汇总的百分比"命令即可。

8.2.4 百分比相关分析

除了前面介绍的几种值显示方式外，还有一些容易让人混淆的值显示方式，数据分析工作者要注意区分，主要包括百分比、父级汇总的百分比和父行/列汇总的百分比等。

1.百分比

百分比显示是将某一行或某一列的数据作为基准，计算其他行或列的百分比的显示方式。通过这种方式对某一固定字段的基本项的对比，可以快速得到完成率报表。

例如以"房天琦"的销售数据作为基准，将销售额字段设置为"百分比"值显示方式。只需要右击数据透视表的任意数据单元格，在弹出的快捷菜单中选择"值显示方式/百分比"命令，在打开的对话框中分别设置基本字段和基本项，单击"确定"按钮即可，如图8-26所示。

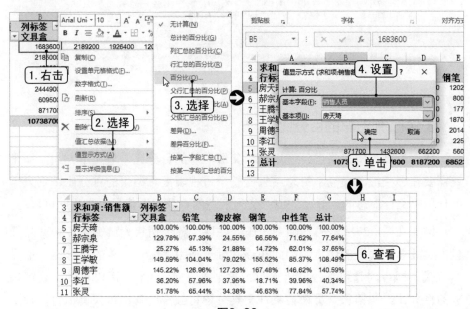

图8-26

这种值显示方式通常以一个具有特殊意义或是固定值作为标准，例如企业平均销售额、行业生产数量标准等。

2.父级汇总的百分比

在报表分析过程中，如果想要得到同组数据中某个数据项在该组所有数据项汇总结果的占比情况，则可以使用"父级汇总的百分比"这种值显示方式。但是，要想使用这种值显示方式，首先需要以数据透视表行字段或列字段进行分组，否则无法得到想要的分析结果。

例如，对数据透视表中销售员的销售数据以"月"的单位进行分组，使用"父级汇总的百分比"值显示方式，即可得到每个销售人员各月销售数据占比情况，如图8-27所示。

行标签	文具盒	铅笔	橡皮擦	钢笔	中性笔	总计
房天琦	100.00%	100.00%	100.00%	100.00%	100.00%	100.00%
5月	28.28%	9.86%	54.02%	35.58%	8.95%	24.98%
6月	44.95%	60.21%	33.93%	53.68%	55.68%	50.20%
7月	26.78%	29.93%	12.05%	10.74%	35.37%	24.82%
郝宗泉	100.00%	100.00%	100.00%	100.00%	100.00%	100.00%
5月	20.84%	11.83%	0.00%	26.27%	13.57%	15.71%
6月	36.74%	26.22%	78.18%	29.03%	56.10%	40.31%
7月	42.42%	61.95%	21.82%	44.70%	30.34%	43.97%
王腾宇	100.00%	100.00%	100.00%	100.00%	100.00%	100.00%
5月	9.19%	25.00%	0.00%	0.00%	11.44%	12.99%
6月	67.03%	17.89%	100.00%	0.00%	48.24%	45.82%
7月	23.78%	57.11%	0.00%	100.00%	40.32%	41.19%
王学敏	100.00%	100.00%	100.00%	100.00%	100.00%	100.00%
5月	23.74%	15.30%	49.15%	24.46%	25.45%	26.10%

图8-27

3.父行/列汇总的百分比

数据透视表中如果已经使用了"父级汇总的百分比"值显示方式，但是还需要在分类汇总中显示汇总结果占整个透视表汇总结果的百分比，则只需要使用"父行汇总的百分比"或"父列汇总的百分比"值显示方式即可。

例如在图8-27所示的基础上，还需要现实各个销售人员销售各种产品数量占企业总销售量的比重，因此在该基础上使用"父行汇总的百分比"值显示方式，即可同时得到各销售人员销售某种文具占3个月销售该种文具销售额的百分比，和销售人员销售某种文具总销售额占所有销售人员销售该种商品总销售额的百分比，如图8-28所示。

行标签	文具盒	铅笔	橡皮擦	钢笔	中性笔	总计
房天琦	15.68%	16.75%	23.53%	17.56%	17.14%	17.78%
5月	28.28%	9.86%	54.02%	35.58%	8.95%	24.98%
6月	44.95%	60.21%	33.93%	53.68%	55.68%	50.20%
7月	26.78%	29.93%	12.05%	10.74%	35.37%	24.82%
郝宗泉	20.35%	16.32%	5.78%	11.69%	12.28%	13.80%
5月	20.84%	11.83%	0.00%	26.27%	13.57%	15.71%
6月	36.74%	26.22%	78.18%	29.03%	56.10%	40.31%
7月	42.42%	61.95%	21.82%	44.70%	30.34%	43.97%
王腾宇	3.96%	7.56%	5.15%	2.58%	10.63%	6.69%
5月	9.19%	25.00%	0.00%	0.00%	11.44%	12.99%
6月	67.03%	17.89%	100.00%	0.00%	48.24%	45.82%
7月	23.78%	57.11%	0.00%	100.00%	40.32%	41.19%
王学敏	23.45%	17.43%	18.59%	27.30%	14.63%	19.29%
5月	23.74%	15.30%	49.15%	24.46%	25.45%	26.10%

图8-28

知识延伸 | 父行/列汇总的百分比使用注意

父行/列汇总的百分比在使用过程中需要注意，与父级汇总的百分比相似，要想使用这种值显示方式，首先需要以数据透视表行字段或列字段进行分组，否则分析结果可能不符合实际需要。

8.3　使用计算字段，方便报表计算

在数据透视表创建完成以后，是不能够在数据透视表中进行数据移动、修改、删除等操作的，也不能够在数据透视表中使用公式和函数进行计算，而只能通过数据源进行修改。

然而许多时候，在创建数据透视表后又需要对数据透视表中的字段进行计算，从而获得更多需要的信息，这时就可以使用计算字段实现。

8.3.1　插入计算字段

要在数据透视表中插入计算字段，需要单击"数据透视表工具 分析"选项卡"计算"组中的"字段、项目和集"下拉按钮，选择"计算字段"命令，在打开的对话框中进行设置即可。

1.使用计算字段对现有字段进行简单计算

计算字段最主要的功能便是在数据透视表中对现有字段进行计算，例如对两个字段进行求和、差、积或商等运算，从而获得需要的分析数据，完成数据分析工作。

使用计算字段进行计算的操作比较简单，只需要使用运算符号将需要运算的字段连接起来即可。在数据透视表中，通过计算字段可以对数据项的一个或多个字段进行计算。

下面在"产品利润分析"工作簿通过现有字段计算各销售渠道的利润数据，以此为例讲解相关操作。

案例精解

分析各销售渠道的销售利润情况

本节素材	◎/素材/Chapter08/产品利润分析.xlsx
本节效果	◎/效果/Chapter08/产品利润分析.xlsx

步骤01 打开"产品利润分析"素材文件，选择数据透视表中的任意数据单元格，在"数据透视表工具 分析"选项卡"计算"组中单击"字段、项目和集"下拉按钮，在弹出的下拉菜单中选择"计算字段"命令，如图8-29所示。

步骤02 在打开的"插入计算字段"对话框中删除"公式"文本框中的数字"0"，只保留"="，选择"字段"列表框中的"销售额"选项，单击"插入字段"按钮，即可插入字段，如图8-30所示。

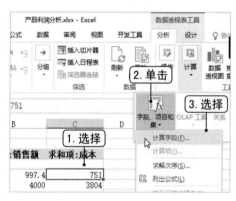

图8-29

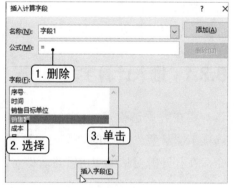

图8-30

步骤03 在"公式"文本框中添加的"销售额"字段后输入运算符号"-"，然后双击"字段"列表框中的"成本"字段，将其添加到"公式"文本框中，完成公式的输入，如图8-31所示。

步骤04 在"名称"文本框中输入字段名称"利润"，单击"添加"按钮，如图8-32所示，再单击"确定"按钮。

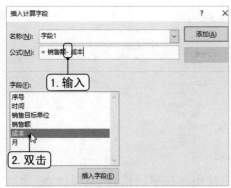

图8-31

图8-32

步骤05 在返回的数据透视表中即可查看到计算出的各个商品销售渠道的利润情况，如图8-33所示。

3 行标签	求和项:销售额	求和项:成本	求和项:利润	
4 ⊟2月				
5 城建局	997.4	751	246.4	
6 电脑销售	4000	3804	196	
7 环保局	3840	3183	657	
8 康尤美	4200	3802	398	
9 良繁场	2450	2200	250	
10 粮食局	300	195	105	查看
11 农业局	4020	3018	1002	
12 糖厂	15940	14905	1035	
13 县医院	48000	47180	820	
14 中医院	32934	24685	8249	
15 筑路公司	2247.5	1701	546.5	
16 ⊟3月				
17 保险公司	500	275	225	
18 二区一小	14150	13050	1100	

图8-33

2.在计算字段中使用常量

在数据透视表中使用计算字段计算数据时，不仅可以使用数据透视表中的现有字段，还可以在计算公式中使用常量进行计算。使用常量计算较为简单，直接在公式中输入即可。

如图8-34所示为"订单分析"报表，某企业规定要对所有的订单金额加收10%的手续费，因此需要在已经创建好的数据透视表中添加计算字段进行计算。

	A	B	C	D
3	客户 ▼	订单月份 ▼	订单金额	
4	⊟ 客户A	1月	900,000.00	
5		2月	1,200,000.00	
6		3月	1,700,000.00	
7		4月	800,000.00	
8		5月	1,700,000.00	
9		6月	2,300,000.00	
10		7月	700,000.00	
11		8月	1,600,000.00	
12		9月	2,400,000.00	
13		10月	1,300,000.00	
14		11月	400,000.00	

图8-34

对此问题，只需要在数据透视表中使用计算字段进行计算时结合常量来完成。首先在打开的"插入计算字段"对话框中的"公式"文本框中输入"=订单金额*0.1"公式，并在名称文本框中输入"手续费"文本，单击"添加"按钮，再单击"确定"按钮，如图8-35所示。

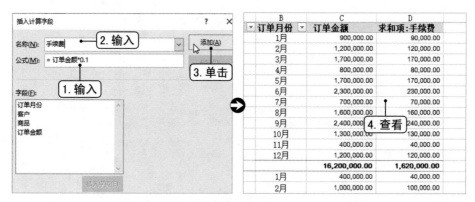

图8-35

3.在计算字段中使用工作表函数

在数据透视表中不仅可以进行四则运算，使用常量进行运算，还可以使用工作表函数进行一些复杂的计算。

在数据透视表中使用工作表函数与在工作表中使用函数进行计算时有所区别，由于数据透视表中的计算都是引用数据透视表中的数据，所以在数据透视表计算字段中使用工作表函数不能够使用单元格引用或者名称引用的函数。因此可用的函数较少，主要有SUM()、IF()、AND()、NOT()、TEXT()以及OR()等。

下面在"销售人员提成计算"工作簿中根据公司现行的销售人员提成规则（月销售额小于100万元，则按2个点进行提成；月销售额超过100万元但小于200万元，则按3个点进行提成；月销售额超过200万元，则按4个点进行提成）计算各位销售人员的提成金额，以此为例讲解相关操作。

案例精解

不同销售额的提成计算

本节素材	◎/素材/Chapter08/销售人员提成计算.xlsx
本节效果	◎/效果/Chapter08/销售人员提成计算.xlsx

步骤01 打开"销售人员提成计算"素材文件，选择数据透视表中的任意数据单元格，在"数据透视表工具 分析"选项卡"计算"组中单击"字段、项目和集"下拉按钮，在弹出的下拉菜单中选择"计算字段"命令，如图8-36所示。

步骤02 在打开的"插入计算字段"对话框中输入"= IF(销售额<1000000,2,IF(销售额<2000000,3,4))/100"公式，在"名称"文本框中输入"提成比例"文本，单击"添加"按钮，如图8-37所示，再单击"确定"按钮。

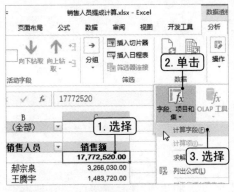

图8-36

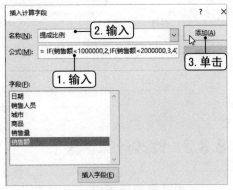

图8-37

步骤03 用同样的方法在数据透视表中添加计算字段，在"公式"文本框中输入"销售额*提成比例"，在"名称"文本框中输入"提成金额"，依次单击"添加"和"确定"按钮即可，如图8-38所示。

步骤04 返回到数据透视表选择D列所有单元格，单击"开始"选项卡"数字"组中的"%"按钮，如图8-39所示。

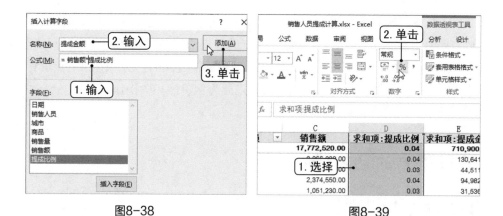

图8-38　　　　　　　　　　　　　　图8-39

步骤05　完成后即可在数据透视表中查看到所有员工对应的提成比例和提成金额，如图8-40所示。

	A	B	C	D	E	F
3	日期 ▼	销售人员 ▼	销售额	求和项:提成比例	求和项:提成金额	
4	⊟4月		17,772,520.00	4%	710,900.80	
5		郝宗泉	3,266,030.00	4%	130,641.20	
6		王腾宇	1,483,720.00	3%	44,511.60	
7		方天琪	2,374,550.00	4%	94,982.00	
8		张晓宇	1,051,230.00	3%	31,536.90	
9		谢玉红	1,781,110.00	3%	53,433.30	
10		韩德发	4,029,710.00	4%	161,188.40	
11		欧豪	3,786,170.00	4%	151,446.80	
12	⊟5月		12,115,170.00	4%	484,606.80	
13		郝宗泉	1,167,130.00	3%	35,013.90	
14		王腾宇	468,100.00	2%	9,362.00	
15		方天琪	2,390,140.00	4%	95,605.60	
16		张晓宇	1,273,100.00	3%	38,193.00	
17		谢玉红	1,026,170.00	3%	30,785.10	
18		韩德发	3,081,170.00	4%	123,246.80	

图8-40

8.3.2　修改计算字段

对于数据透视表中已经添加的计算字段，如果其中存在错误，或是不符合当前数据分析需要，还可以对其进行修改。修改完成后，数据透视表中该字段的数据会自动发生变化。

修改操作较为简单，只需要在"插入计算字段"对话框中的"名称"下拉列表框中选择需要修改的计算字段，在"公式"文本框中进行修改，完成后单击"修改"按钮确定即可。

　　上一个案例中介绍了按照销售的不同，分为3档分别计算提成比例和提成金额。下面在"销售人员提成计算2"工作簿修改公司员工的提成比例为在起始0.02的基础上，每增加100万元，提成比例提高0.01，以此为例讲解相关操作。

案例精解

修改销售提成比例

本节素材	◎/素材/Chapter08/销售人员提成计算2.xlsx
本节效果	◎/效果/Chapter08/销售人员提成计算2.xlsx

步骤01 打开"销售人员提成计算2"素材文件，选择数据透视表中的任意数据单元格，在"数据透视表工具 分析"选项卡"计算"组中单击"字段、项目和集"下拉按钮，在弹出的下拉菜单中选择"计算字段"命令，如图8-41所示。

步骤02 在打开的"插入计算字段"对话框中单击"名称"下拉列表框右侧的下拉按钮，选择"提成比例"选项，如图8-42所示。

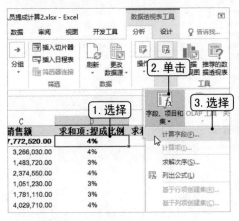

图8-41

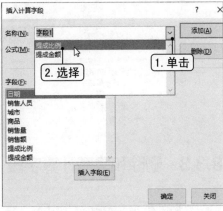

图8-42

步骤03 在下方的"公式"文本框中重新输入"=0.02+INT(销售额/1000000)*0.01"公式，单击"修改"按钮，如图8-43所示，单击"确定"按钮关闭对话框即可完成计算字段的修改。

步骤04 返回到数据透视表选择D列所有单元格，单击"开始"选项卡"数字"组中的"%"按钮，如图8-44所示。

图8-43　　　　　　　　　　　　　　图8-44

步骤05 完成后即可在数据透视表中查看到修改提成比例计算方式后所有员工对应的提成比例和提成金额，如图8-45所示。

	A	B	C	D	E	F
3	日期	销售人员	销售额	求和项:提成比例	求和项:提成金额	
4	⊟4月		17,772,520.00	19%	3,376,778.80	
5		郝宗泉	3,266,030.00	5%	163,301.50	
6		王腾宇	1,483,720.00	3%	44,511.60	
7		方天琪	2,374,550.00	4%	94,982.00	
8		张晓宇	1,051,230.00	3%	31,536.90	
9		谢玉红	1,781,110.00	3%	53,433.30	
10		韩德发	4,029,710.00	6%	241,782.60	
11		欧豪	3,786,170.00	5%	189,308.50	
12	⊟5月		12,115,170.00	14%	1,696,123.80	
13		郝宗泉	1,167,130.00	3%	35,013.90	
14		王腾宇	468,100.00	2%	9,362.00	
15		方天琪	2,390,140.00	4%	95,605.60	
16		张晓宇	1,273,100.00	3%	38,193.00	
17		谢玉红	1,026,170.00	3%	30,785.10	
18		韩德发	3,081,170.00	5%	154,058.50	

图8-45

8.3.3　删除和隐藏计算字段

数据分析工作者在数据分析过程中添加了计算字段，在分析完成后可以将计算字段进行删除或隐藏，简化报表。

1.删除计算字段

对于不再需要使用的计算字段，可以将其直接删除，具体操作如下。

打开"插入计算字段"对话框，在"名称"下拉列表框中选择需要删除的计算字段，单击"删除"按钮后再单击"确定"按钮即可删除，如图8-46所示。

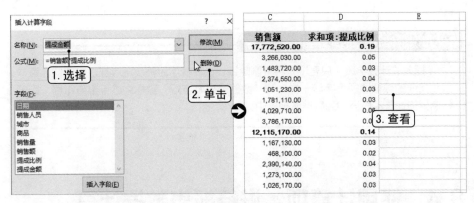

图8-46

2.隐藏计算字段

对于那些暂时不会使用，在后续报表分析过程中会使用到的计算字段，可以将其暂时隐藏，在需要的时候，再将其添加到报表。隐藏计算字段的方法有以下两种。

● 通过"数据透视表字段"窗格隐藏 在"数据透视表字段"窗格中取消选中该计算字段对应的复选框即可，如图8-47所示。

● 通过快捷菜单命令隐藏 右击需要隐藏的计算字段中的任意单元格，在弹出的快捷菜单中选择删除该计算字段的命令将其隐藏，如图8-48所示。

图8-47

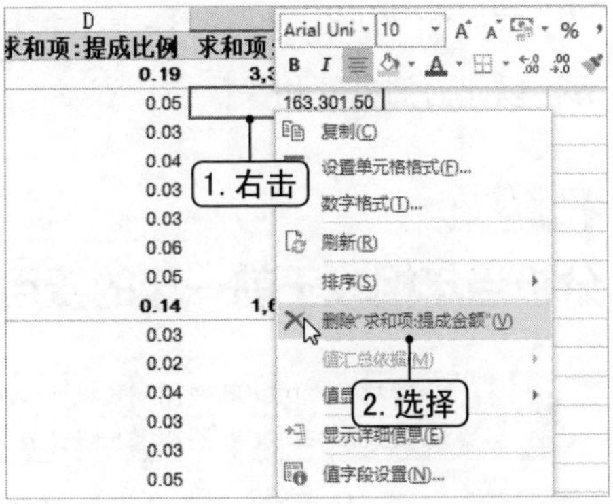

图8-48

知识延伸 | 隐藏的计算字段如何启用

插入的计算字段，只要没有将其删除掉，该计算字段都实际存在。隐藏的计算字段和普通的数据透视表字段一样，在"数据透视表字段"窗格中进行重新布局，即可将需要的计算字段添加到数据透视表中。

8.4　使用计算项，进行报表数据计算

计算项与计算字段的使用方法比较相似，虽然可以在数据透视表中进行计算，但是不会出现在数据透视表的数据源中。并且，在数据透视表中添加计算字段只能在值区域中计算，而计算项则不同，计算项可以在行/列字段区域进行计算。此外还需要注意，计算项不能对组合字段进行计算。

8.4.1　插入计算项

添加计算项会在行字段添加新的一行或是在列字段添加新的一列数据项，其具体效果就是对同一行或列与其他列或行中的数据进行计算。

下面在"费用增长统计表"工作簿中添加"增长速度"计算项进行计算，以此为例讲解相关操作。

案例精解

分析当年相较于前一年的费用增速

本节素材	◎/素材/Chapter08/费用增长统计表.xlsx
本节效果	◎/效果/Chapter08/费用增长统计表.xlsx

步骤01 打开"费用增长统计表"素材文件，在数据透视表中选择D4单元格，在"数据透视表工具 分析"选项卡"计算"组中单击"字段、项目和集"下拉按钮，在弹出的下拉菜单中选择"计算项"命令，如图8-49所示。

步骤02 在打开的对话框中的"名称"文本框中输入"增长速度"文本,在"公式"文本框中输入"='2020'/'2019'-1"计算公式,单击"添加"按钮后单击"确定"按钮,如图8-50所示。

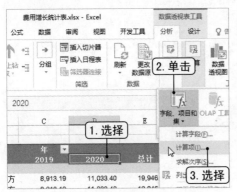

图8-49

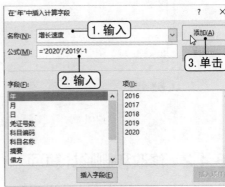

图8-50

步骤03 选择数据透视表中的任意数据单元格,单击"数据透视表工具 设计"选项卡"布局"组中的"总计"下拉按钮,选择"仅对列启用"选项,如图8-51所示。

步骤04 选择新添加的E列,在"开始"选项卡"数字"组中单击"%"按钮,如图8-52所示。

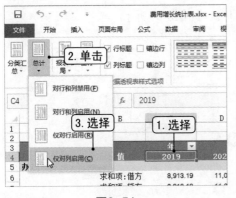

图8-51

图8-52

步骤05 完成后即可在数据透视表中查看到2020年相较于前一年各项费用的具体增速情况,如图8-53所示。

	A	B	C	D	E	F
1						
2				年 ▼		
3	科目名称 ▼	值	2019	2020	增长速度	
4						
5	**办公用品**					
6		求和项:借方	8,913.19	11,033.40	24%	
7		求和项:贷方	8,913.19	11,033.40	24%	
8	**出差费**					
9		求和项:借方	159,654.30	206,927.40	30%	
10		求和项:贷方	159,654.30	206,927.40	30%	
11	**出租车费**					
12		求和项:借方	4,556.40	4,951.60	9%	
13		求和项:贷方	4,556.40	4,951.60	9%	
14	**抵税运费**					
15		求和项:借方	91,888.65	72,940.83	-21%	

查看

图8-53

8.4.2 修改和删除计算项

计算项与计算字段相似，对于已经添加的计算项也可以进行修改，不再需要的计算项也可以删除。

要修改计算项，首先需要单击"数据透视表工具 分析"选项卡"计算"组中的"字段、项目和集"下拉按钮，选择"计算项"命令，在打开的对话框中的"名称"下拉列表框中选择要修改的计算项，然后在"公式"文本框中重新输入公式，单击"修改"按钮即可，如图8-54所示。

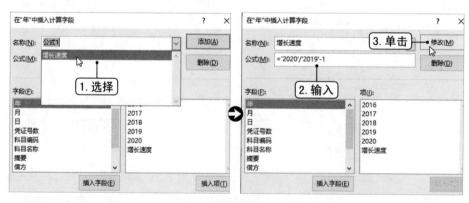

图8-54

删除计算项的方法与删除计算字段的操作基本相似，只需要在图8-54所示的对话框的"名称"下拉列表框中选择要删除的计算项，单击"删除"按钮即可删除计算项。

虽然计算项与计算字段在使用过程中有许多相似之处，但也存在不同之处，计算项无法像计算字段一样通过快捷菜单命令和"数据透视表字段"窗格进行隐藏，这是因为在数据透视表中添加的计算项不会显示在"数据透视表字段"窗格中。

8.4.3 更改计算项的求解次序

数据分析工作者在实际分析过程中可能会使用到多个计算项，且计算项之间可能存在相互引用的情况，计算项的计算顺序不同会产生不同的计算结果，因此计算项的计算顺序需要关注。

面对不同的数据分析需求，有时可以通过更改计算项的求解次序来实现。只需要选择数据透视表中的任意数据单元格，单击"数据透视表工具 分析"选项卡"计算"组中的"字段、项目和集"下拉按钮，选择"求解次序"命令，在打开的"求解次序"对话框中选择需要调整求解次序的计算项，单击"上移"或"下移"按钮即可，如图8-55所示。

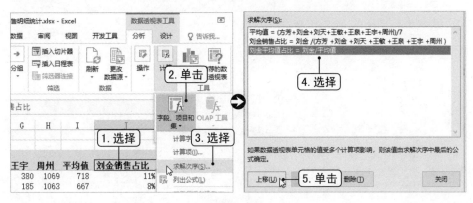

图8-55

8.4.4 获取计算公式

在数据透视表中添加了计算字段和计算项进行数据分析后，经过一段时间可能难以分辨数据透视表中包含了哪些字段，以及具体的字段对应的作用。针对这些问题，Excel提供了获取计算公式的功能，其具体操作如下。

首先需要选择数据透视表中的任意数据单元格，单击"数据透视表工具分析"选项卡"计算"组中的"字段、项目和集"下拉按钮，选择"列出公式"命令即可，如图8-56所示。

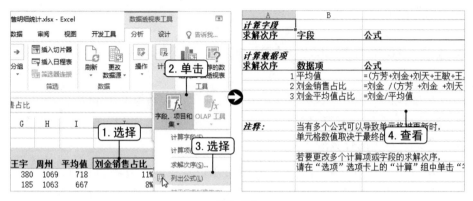

图8-56

第

9 章

如何创建多区域的报表

本章导读

通常情况下用来创建数据透视表的数据源都在一张工作表中，操作起来较为简便。但是在实际工作中，因为特殊原因，可能需要分析的数据位于不同位置，这种情况也可以创建数据透视表进行数据分析。

知识要点

- 多区域合并，创建多重合并透视表
- 多列合并，创建合并透视表
- 善用工具，关联数据一表解决
- 拓展延伸，其他方式创建透视表

9.1 多区域合并，创建多重合并透视表

在使用数据透视表进行数据分析时，数据列表是单个数据源时往往容易进行数据分析。但是如果数据列表是多个数据源，并且这些数据源可能保存在不同的工作表或工作簿中，要进行数据分析就比较麻烦。要解决这个问题就可以创建多重合并计算区域的数据透视表来进行处理。

多重合并计算数据区域的数据透视表，就是基于多个数据源区域的数据透视表。在多重合并区域计算数据透视表中，每一个区域都会作为报表筛选字段中的一项，而每一页则显示为筛选区域的一个字段。

9.1.1 制作基于多区域的数据透视表

通过多重合并计算的数据透视表，在报表筛选字段的下拉列表中会分别显示各张报表工作表或各个数据源的数据，也可以显示所有多区域数据源合并计算后的汇总数据。

以在每张工作表中保存一个数据透视表的源区域为例，制作多区域数据透视表应当注意以下一些事项。

①每张工作表必须具有相似的数据分类。

②每张工作表的数据区域均应为列表格式，即在第一行为每列的列标识，第一列为每一行的行标识，相同的列数据类型相同，没有空白数据行。

③数据列表只能够在第一行或第一列中存在文本数据，其余数据必须为数值数据，否则不能够使用多重合并计算区域创建数据透视表。

④在数据列表中一般不要有汇总数据，如汇总行、汇总列等。

⑤为了便于数据透视表的更新，最好将数据列表区域设置为列表或创建动态名称，然后以列表名称或动态名称创建数据透视表。

⑥合并计算使用自定义页字段，页字段中的项代表一张或者多张工作表源的数据区域。

9.1.2　将每个区域作为一个分组创建透视表

将每个区域作为一个分组创建透视表就是单个页字段的多重合并计算区域的数据透视表，即数据透视表上只有一个页字段，这个页字段的各项就代表各张工作表。

下面在"第二季度员工工资分析"工作簿中对第二季度3个月工资数据进行统计分析，以此为例讲解相关操作。

案例精解

统计分析第二季度员工工资数据

本节素材	◎/素材/Chapter09/第二季度员工工资分析.xlsx
本节效果	◎/效果/Chapter09/第二季度员工工资分析.xlsx

步骤01 打开"第二季度员工工资分析"素材文件，依次按【Alt】、【D】和【P】键，在打开的对话框中选中"多重合并计算数据区域"单选按钮，单击"下一步"按钮，如图9-1所示。

步骤02 在打开的"数据透视表和数据透视图向导–步骤2a（共3步）"对话框中选中"创建单页字段"单选按钮，单击"下一步"按钮，如图9-2所示。

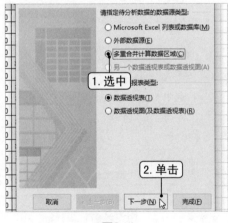

图9-1　　　　　　　　　　　　　　图9-2

🔊 **步骤03** 在打开的对话框中单击"选定区域"参数框右侧的折叠按钮，进入选择状态，如图9-3所示。

🔊 **步骤04** 切换到"04月"工作表中选择所有的数据区域，单击参数框右侧的展开按钮，如图9-4所示。

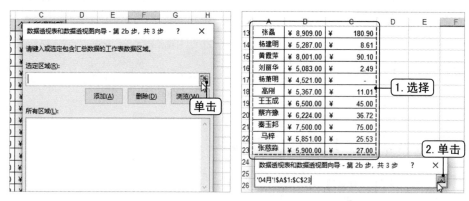

图9-3   图9-4

🔊 **步骤05** 在展开的对话框中单击"添加"按钮，将选择的区域添加到"所有区域"列表框中，如图9-5所示。然后用同样的方法，分别将"05月"和"06月"的数据添加到"所有区域"列表框中，单击"下一步"按钮。

🔊 **步骤06** 在打开的"数据透视表和数据透视图向导-步骤3（共3步）"对话框中选中"新工作表"单选按钮，单击"完成"按钮，如图9-6所示。

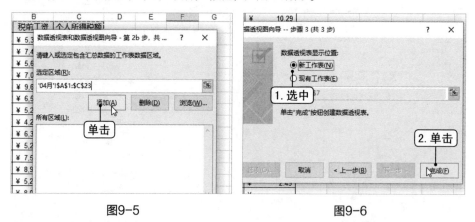

图9-5   图9-6

🔊 **步骤07** 在创建的数据透视表中选择任意数据单元格，在"数据透视表工具 设计"选项卡"布局"组中单击"总计"下拉按钮，选择"仅对列启用"选项，取消不必要的汇总项目，如图9-7所示。

步骤08 完成后即可在数据透视表中查看到各位员工在第二季度中的具体工资情况，如图9-8所示。

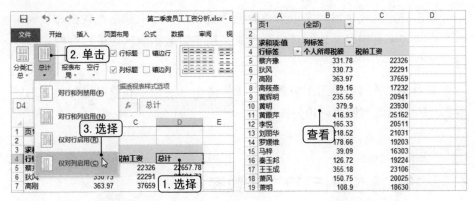

图9-7　　　　　　　　　　　　　　　图9-8

知识延伸 | 修改页字段名称和项名称

在以上案例最后一步中，创建的数据透视表中的页选项依次被命名为"项1、项2、项3"，此外页字段也被命名为"页1"。在实际数据分析工作中，为了方便使用，能够清楚了解页字段名称和项名称具体代表的意义，在创建数据透视表时就应当修改页字段的名称和项名称。

页字段名称的修改，只需要在其对应的单元格中重新输入名称即可，如图9-9左图所示；项名称的修改，则需要分别单独显示每个项的数据，然后在单元格中分别对每个项名称进行修改，最终效果如图9-9右图所示。

图9-9

9.1.3 创建自定义页字段的多重合并数据透视表

创建自定义页字段的多重合并数据透视表，实际上就是在数据透视表中有两个或多个页字段，这些页字段通常是用于对数据源区域进行分组，方便进行区分。

下面在"各月份员工工资数据"工作簿中分别按年和季度进行员工工资数据分析，以此为例讲解相关操作。

案例精解

分别按年和季度分析员工工资数据

本节素材	◉/素材/Chapter09/各月份员工工资数据.xlsx
本节效果	◉/效果/Chapter09/各月份员工工资数据.xlsx

步骤01 打开"各月份员工工资数据"素材文件，依次按【Alt】、【D】和【P】键，在打开的对话框中选中"多重合并计算数据区域"单选按钮，单击"下一步"按钮，如图9-10所示。

步骤02 在打开的"数据透视表和数据透视图向导-步骤2a（共3步）"对话框中选中"自定义页字段"单选按钮，单击"下一步"按钮，如图9-11所示。

图9-10

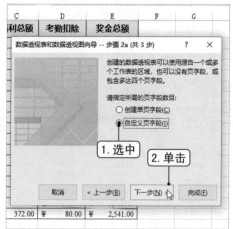

图9-11

步骤03 在打开的对话框中单击"选定区域"参数框右侧的折叠按钮，进入选择状态，如图9-12所示。

步骤04 切换到"2019-10"工作表中选择所有的数据区域，单击参数框右侧的展开按钮，在返回的对话框中单击"添加"按钮，将选择的区域添加到"所有区域"列表框中，如图9-13所示。

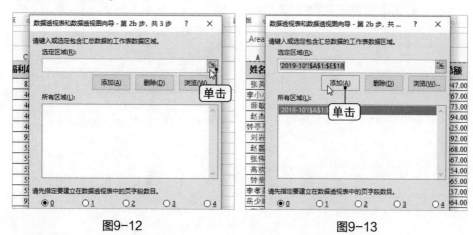

图9-12　　　　　　　　　　　　图9-13

步骤05 用同样的方法，分别将其他工作表中的数据添加到"所有区域"列表框中，如图9-14所示。

步骤06 在对话框的"请先指定要建立在数据透视表中的页字段数目"栏中选中"2"单选按钮，如图9-15所示。

图9-14　　　　　　　　　　　　图9-15

步骤07 选择"所有区域"列表框中的第一项，在"字段1"下拉列表框中输入文本

"2019"，在"字段2"下拉列表框中输入"第四季度"文本，如图9-16所示。

📎 **步骤08** 使用同样的方法依次为每个区域设置页字段数据（重复的数据可以在下拉列表框中选择）最后单击"下一步"按钮，如图9-17所示。

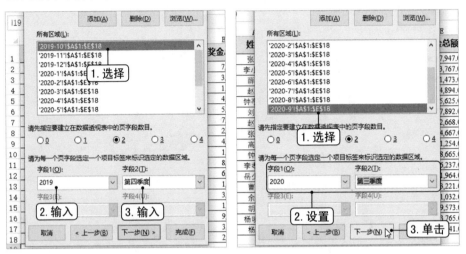

图9-16　　　　　　　　　　　　　　图9-17

📎 **步骤09** 在打开的"数据透视表和数据透视图向导-步骤3（共3步）"对话框中选中"新工作表"单选按钮，单击"完成"按钮，如图9-18所示。

📎 **步骤10** 在创建好的数据透视表中，将第一个页字段名称更改为"年度"，将第二个页字段名称更改为"季度"，如图9-19所示。

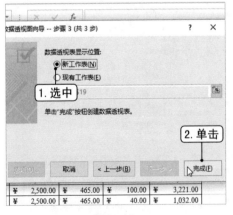

图9-18

图9-19

知识延伸|其他方法打开数据透视表和数据透视图向导对话框

除了前面介绍的通过按【Alt】、【D】和【P】键打开数据透视表和数据透视图向导对话框外，还可以将打开该对话框的功能按钮添加到快速访问工具栏，之后单击该按钮即可打开。

单击Excel顶部的"自定义快速访问工具栏"下拉按钮，选择"其他命令"命令，在打开的"Excel选项"对话框中的"从下列位置选择命令"下拉列表框中选择"不在功能区中的命令"选项，在下方的列表框中选择"数据透视表和数据透视图向导"选项，单击"添加"按钮，单击"确定"按钮即可，如图9-20所示。

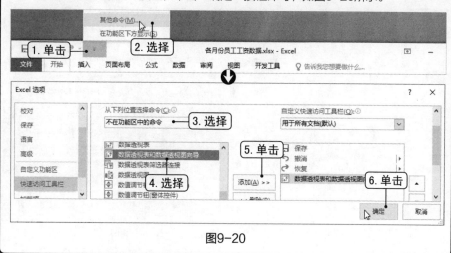

图9-20

9.1.4 不同工作簿的数据合并

前面介绍的多重合并计算数据透视表的数据源都在同一个工作簿中的不同工作表中。其实，通过数据透视表进行合并计算，不仅可以对同一工作簿中的工作表数据进行合并，还可以对不同工作簿中的工作表数据进行多重合并分析。

下面在"华南地区钢材销售情况"文件夹中对5个不同的工作簿中的工作表数据进行多重合并分析，以此为例讲解相关操作。

案例精解

汇总不同工作簿中的钢材销售数据

本节素材	◎/素材/Chapter09/华南地区钢材销售情况
本节效果	◎/效果/Chapter09/华南地区钢材销售情况/销售数据分析.xlsx

步骤01 打开"华南地区钢材销售情况"文件夹中的"广州市"和"销售数据分析"工作簿，在"销售数据分析"工作簿中单击快速访问工具栏中的"数据透视表和数据透视图向导"按钮，如图9-21所示。

步骤02 在打开的对话框中选中"多重合并计算数据区域"单选按钮，如图9-22所示，单击"下一步"按钮。

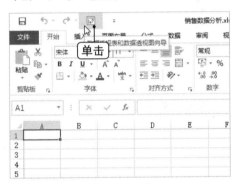

图9-21

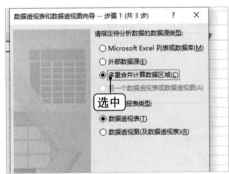

图9-22

步骤03 在打开的"数据透视表和数据透视图向导-步骤2a（共3步）"对话框中选中"自定义页字段"单选按钮，单击"下一步"按钮，如图9-23所示。

步骤04 在打开的对话框中单击"选定区域"参数框右侧的折叠按钮，进入选择状态，如图9-24所示。

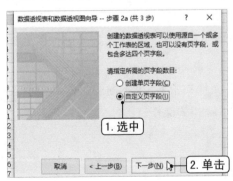

图9-23

图9-24

步骤05 激活"广州市"工作簿，在其中选择所有数据区域，单击对话框右侧的展开按钮，如图9-25所示。

步骤06 在展开的对话框中单击"添加"按钮，将选定的区域添加到"所有区域"列表框中，如图9-26所示。

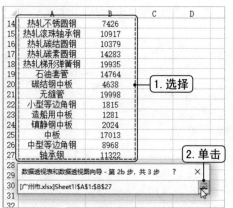

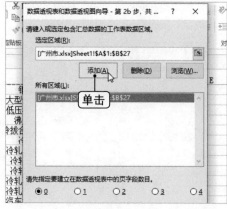

图9-25　　　　　　　　　　　　　　　图9-26

步骤07 依次将"选定区域"参数框中的工作簿名称改为"海口市""江门市""三沙市"和"汕头市"，并逐一单击"添加"按钮，将其添加到"所有区域"列表框中，如图9-27所示。

步骤08 在"请先指定要建立在数据透视表中的页字段数目"栏中选中"1"单选按钮，依次选择"所有区域"列表框中的选项，依次在"字段1"下拉列表框中输入对应的城市名，如图9-28所示。

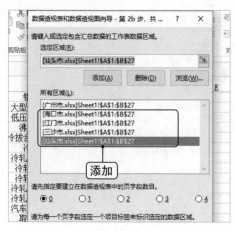

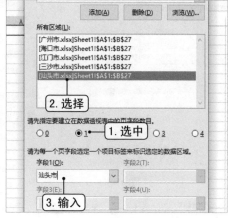

图9-27　　　　　　　　　　　　　　　图9-28

知识延伸｜添加工作簿数据出错解决方法

在"步骤06"中添加工作簿数据时，如果添加到"所有区域"列表框中的选项显示为绝对路径，如图9-29左图所示，继续后续操作则可能出错，这时需要选择该选项，单击右侧的"浏览"按钮，在打开的"浏览"对话框中选择目标工作簿，单击"确定"按钮即可，如图9-29右图所示。

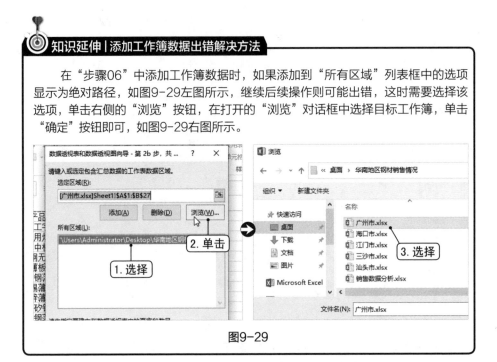

图9-29

📖 **步骤09** 单击"下一步"按钮，在打开的"数据透视表和数据透视图向导-步骤3（共3步）"对话框中选中"新工作表"单选按钮，单击"完成"按钮，如图9-30所示。

📖 **步骤10** 在创建好的数据透视表中将页字段名称修改为"城市"，并对数据透视表进行布局，如图9-31所示。

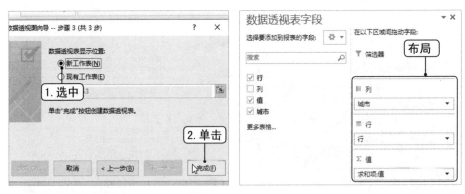

图9-30　　　　　　　　　　　　　　　　图9-31

📖 **步骤11** 完成操作后，在数据透视表中即可查看到不同的工作簿中的工作表数据进行多重合并的最终效果，如图9-32所示。

▲	A	B	C	D	E	F	G	H
2								
3	求和项:值		列标签 ▼					
4	行标签 ▼	广州市	海口市	江门市	三沙市	汕头市	总计	
5	大型普通工字钢	5649	9870	6788	19849	1564	43720	
6	低压流体用焊管	5329	19849	10488	19078	5076	59820	
7	沸腾钢中板	7058	19078	21892	18158	9430	75616	
8	钢材产品			15881	14870		30751	
9	冷拔合结钢无缝管	6864	18158	9259	17236	3988	55505	
10	冷轧薄板	10551	17236	20521	15544	7698	71550	
11	冷轧不锈钢薄板	4835	15544	6116	14524	3378	44397	
12	冷轧镀锡薄板	8267	14524	24877	13252	6015	72935	
13	冷轧镀锌薄板	7628	13252	9839	12644	8563	51926	
14	冷轧取向矽钢片	16102	12644	14281	12580	12886	68493	
15	冷轧碳结钢薄板	18335	12580	21338	12406	10098	74757	
16	汽车大梁用中板	16198	12406	14689	11938	14326	69557	
17	取向矽钢片	6741	11938	15077	11515	7002	52273	

图9-32

> ◉ **知识延伸｜更改多重合并计算区域创建的数据透视表的数据源**
>
> 　　已经创建好的多重合并计算区域创建的数据透视表的数据源是可以进行修改的，首先选择数据透视表的任意数据单元格，单击"数据透视表和数据透视图向导"按钮，单击"上一步"按钮，在"数据透视表和数据透视图向导-步骤2b（共3步）"对话框中即可进行修改，如图9-33所示。
>
>
>
> 图9-33

9.1.5　创建动态多重合并计算数据区域的数据透视表

　　在前面已经具体介绍过动态数据透视表的创建方法，要使多重合并计算数据透视表可以在数据源发生变化时同步进行变化，就可以先将数据源设置为动态数据列表，再创建多重合并计算数据区域的数据透视表。这里主要介绍通过列表法创建动态多重合并计算数据区域的数据透视表。

下面在"四川3个城市产品销售情况"工作簿中将3个城市的销售情况利用列表自动扩充功能创建多重合并计算数据区域的数据透视表，以此为例讲解相关操作。

案例精解

利用列表功能动态合并各个城市的销售数据

本节素材	◎/素材/Chapter09/四川3个城市产品销售情况.xlsx
本节效果	◎/效果/Chapter09/四川3个城市产品销售情况.xlsx

步骤01 打开"四川3个城市产品销售情况"素材文件，切换到"成都"工作表，选择所有的数据单元格，单击"开始"选项卡"样式"组中的"套用表格格式"下拉按钮，选择"表样式浅色10"选项，如图9-34所示。

步骤02 在打开的对话框中选中"表包含标题"复选框，单击"确定"按钮，如图9-35所示。

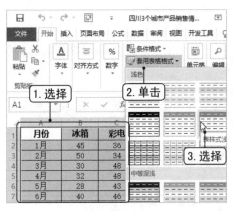

图9-34

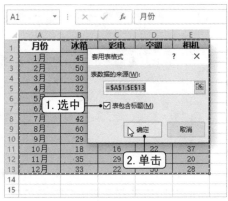

图9-35

步骤03 用同样的方法分别为"绵阳"和"德阳"工作表中的数据单元格应用表格样式，单击快速访问工具栏中的"数据透视表和数据透视图向导"按钮，如图9-36所示。

步骤04 在打开的对话框中选中"多重合并计算数据区域"单选按钮，单击"下一步"按钮，如图9-37所示。

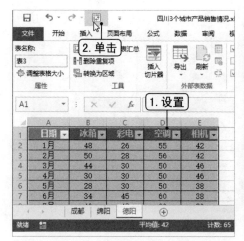

图9-36

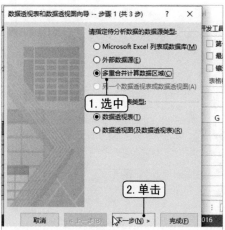

图9-37

步骤05 在打开的"数据透视表和数据透视图向导-步骤2a（共3步）"对话框中选中"自定义页字段"单选按钮，单击"下一步"按钮，如图9-38所示。

步骤06 在打开的"数据透视表和数据透视图向导-步骤2b（共3步）"对话框中的"选定区域"参数框中输入"表1"文本，单击"添加"按钮，如图9-39所示。

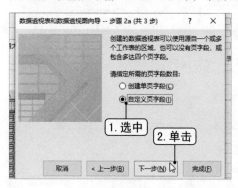

图9-38

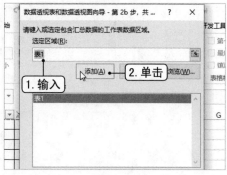

图9-39

步骤07 在"请先指定要建立在数据透视表中的页字段数目"栏中选中"1"单选按钮，在"字段1"下拉列表框中输入"成都"文本，如图9-40所示。

步骤08 用同样的方法依次在"选定区域"参数框中输入"表2"和"表3"，单击"添加"按钮，并且依次在"字段1"下拉列表框中输入"绵阳"和"德阳"文本，单击"下一步"按钮，如图9-41所示。

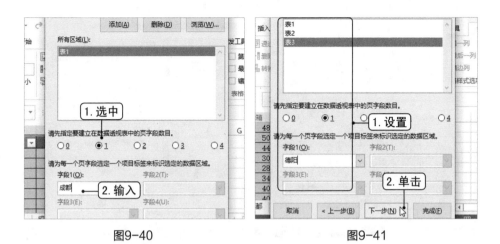

图9-40　　　　　　　　　　　　　　　　图9-41

步骤09 在打开的对话框中选中"新工作表"单选按钮，单击"完成"按钮，在创建的数据透视表中将页字段名称改为"城市"，对数据透视表进行布局，即可查看最终效果，如图9-42所示。

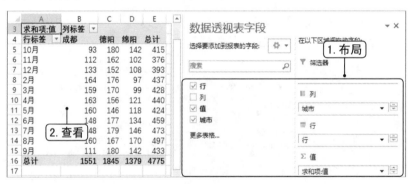

图9-42

9.2　多列合并，创建合并透视表

前面介绍的使用多重合并计算区域创建数据透视表，要求数据源区域中只能在第一行和第一列包含文本数据，但是在实际数据分析工作中符合条件的数据源较少，使数据分析工作变得较为麻烦。

要想解决这个问题，可以通过连接的方式将多个数据表连接在一起进行分析，还可以像数据库一样，通过SQL语句对连接进行详细设置。

9.2.1 像数据库表一样进行列表区域操作

通过连接工作表的方式可以将工作表连接在一起，就像数据库中的表连接一样，从而降低了许多数据分析难度。

下面在"5~6月销售数据"工作簿中分析两个月的销售数据。如图9-43所示，可以发现，该表的数据结构不符合多重合并计算区域的要求。

	A	B	C	D	E	F	G
1	员工编号	姓名	销售日期	规格型号	单价	销售数量	销售数额
2	0002	张华	2020/5/1	9500	5300	1	5300
3	0001	李晨璐	2020/5/3	3100	750	5	3750
4	0003	程萍	2020/5/5	6170	1770	3	5310
5	0004	胡冬	2020/5/6	3100	750	6	4500
6	0002	张华	2020/5/7	6021	1650	5	8250
7	0005	张梦	2020/5/9	3100	750	6	4500
8	0001	李晨璐	2020/5/10	6030	1100	3	3300
9	0003	程萍	2020/5/10	6030	1100	6	6600
10	0002	张华	2020/5/12	8800	7570	1	7570
11	0001	李晨璐	2020/5/16	6670	2500	2	5000
12	0002	张华	2020/5/18	3100	750	6	4500

图9-43

这里通过连接+SQL语句的方式创建数据透视表，从而实现联合分析。通常情况下使用连接一次只能连接一个单元格区域。如果想要连接多个区域，则要先使用SQL语句选择多个区域，然后使用UNION All关键字将这些区域合并为一个区域。本例中需要将5月和6月工作表中的数据进行连接，具体SQL语句如下：

```
SELECT * FROM ['5月$']
UNION ALL
SELECT * FROM ['6月$']
```

分析5~6月的销售数据

本节素材	◎/素材/Chapter09/5~6月销售数据.xlsx
本节效果	◎/效果/Chapter09/5~6月销售数据.xlsx

步骤01 打开"5~6月销售数据"素材文件，在"数据"选项卡"获取外部数据"组中单击"现有连接"按钮，如图9-44所示。

步骤02 在打开的"现有连接"对话框中单击"浏览更多"按钮，如图9-45所示。

图9-44   图9-45

步骤03 在打开的"选取数据源"对话框中选择当前工作簿，单击"打开"按钮，如图9-46所示。

步骤04 在打开的"选择表格"对话框中选择任意选项，这里选择5月工作表选项，单击"确定"按钮，如图9-47所示。

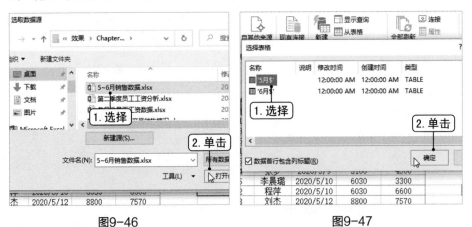

图9-46   图9-47

步骤05 在打开的"导入数据"对话框中选中"数据透视表"单选按钮，选中"新工作表"单选按钮，单击"属性"按钮，如图9-48所示。

🔷 **步骤06** 在打开的"连接属性"对话框中单击"定义"选项卡，在"命令文本"文本框中输入SQL查询语句，如图9-49所示，单击"确定"按钮。

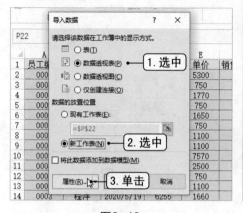

图9-48

图9-49

🔷 **步骤07** 在返回的"导入数据"对话框中单击"确定"按钮，在新创建的数据透视表中的"数据透视表字段"窗格中对数据透视表进行布局，如图9-50所示。

🔷 **步骤08** 选择数据透视表值区域的任意单元格，右击，在弹出的快捷菜单中选择"值汇总依据/求和"命令，如图9-51所示。

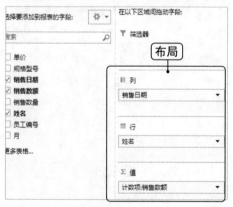

图9-50

图9-51

🔷 **步骤09** 选择数据透视表中的任意日期数据单元格，单击"数据透视表工具 分析"选项卡"分组"组中的"组字段"按钮，如图9-52所示。

🔷 **步骤10** 在打开的"组合"对话框中只选择"月"选项，单击"确定"按钮，如图9-53所示。

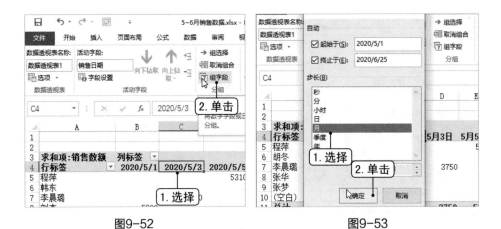

图9-52　　　　　　　　　　　　　　图9-53

步骤11 选择C、D、E列单元格，在"开始"选项卡"数字"组中设置字段格式为"会计专用"，如图9-54所示。

步骤12 调整列宽让数据完全展示后，即可在数据透视表中查看5月、6月各个销售员的销售数据，如图9-55所示。

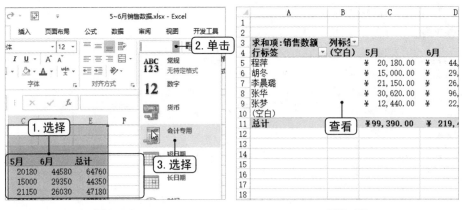

图9-54　　　　　　　　　　　　　　图9-55

9.2.2　导入数据添加新字段

前面介绍的通过连接+SQL语句的方式创建的数据透视表，其字段都是来自数据源中。然而有时为了数据分析需要，创建数据透视表时需要添加新的字段。要实现这一效果，同样可以通过连接+SQL语句的方式完成。

下面在"各地区产品的销售额统计"工作簿中统计各地区销售额并添加"区域"字段为例进行具体介绍。

与上一节有所不同的是，本例中在进行各列表区域连接时，需要添加区域字段。在连接各区域时，具体操作还是通过SQL语句来实现，如需要添加字段，则需要使用如下SQL语句。

[字段值] AS [字段名]

比如，这里需要在创建数据透视表时，从"华北"工作表添加值字段为"华北"的"区域"字段，则需要使用如下SQL语句。

SELECT '华北' AS 区域 , * FROM [华北$]

案例精解
统计各地区销售额时添加区域字段

本节素材	◎/素材/Chapter09/各地区产品的销售额统计.xlsx
本节效果	◎/效果/Chapter09/各地区产品的销售额统计.xlsx

步骤01 打开"各地区产品的销售额统计"素材文件，在"数据"选项卡"获取外部数据"组中单击"现有连接"按钮，如图9-56所示。

步骤02 在打开的"现有连接"对话框中单击"浏览更多"按钮，如图9-57所示。

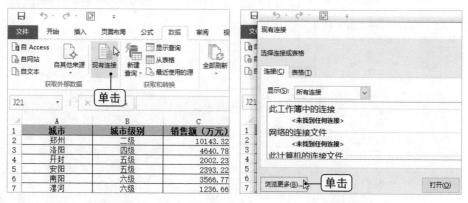

图9-56　　　　　　　　　　　　　　　图9-57

步骤03 在打开的"选取数据源"对话框中选择当前工作簿，单击"打开"按钮，如图9-58所示。

✔ **步骤04** 在打开的"选择表格"对话框中选择任意选项，单击"确定"按钮，如图9-59所示。

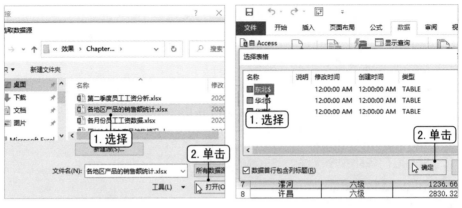

图9-58　　　　　　　　　　　　　　　　图9-59

✔ **步骤05** 在打开的"导入数据"对话框中选中"数据透视表"单选按钮，选中"新工作表"单选按钮，单击"属性"按钮，如图9-60所示。

✔ **步骤06** 在打开的"连接属性"对话框中单击"定义"选项卡，在"命令文本"文本框中输入SQL语句，如图9-61所示，单击"确定"按钮。

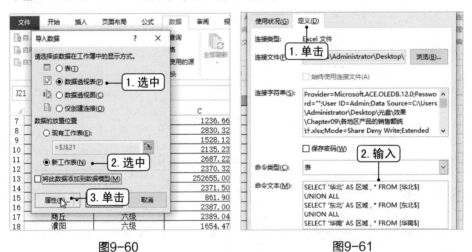

图9-60　　　　　　　　　　　　　　　　图9-61

✔ **步骤07** 在返回的"导入数据"对话框中单击"确定"按钮，在新创建的数据透视表中的"数据透视表字段"窗格中对数据透视表进行布局，如图9-62所示。

✔ **步骤08** 通过手动排序的方法，将"城市级别"字段数据项之间的顺序进行调整，即可查看最终效果，如图9-63所示。

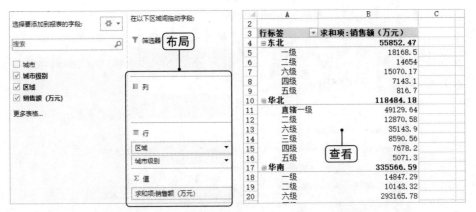

图9-62　　　　　　　　　　　　　　图9-63

9.2.3　选择性导入数据字段

前面介绍的都是将数据源中所有的字段导入到数据透视表，但是这是不合理的，因为数据源中有很多字段是分析工作不会涉及的，也就没有必要将这些字段导入数据透视表。

如图9-64所示为某企业1月和2月的销售开票明细表，用户在实际分析中并不需要所有的数据项，因此，需要选择性地导入数据，而对于不需要的数据则不导入。

张数	日期	客户名称	商品名称	规格型号	计量单位	数量	不含税单价	不含税金额	税率
1	2020/1/6	**市明珠商业企业集团有限公司	**特柔3层实心卷纸	1*10*900	件	6817	7.97	54,345.69	0.13
2	2020/1/9	**嘉利信得家具有限公司	装饰纸	1240	吨	4.81	10598.29	50,977.78	0.13
3	2020/1/10	**玉文办公设备有限责任公司	装饰纸	1240	吨	0.894	11538.46	10,315.38	0.13
4	2020/1/10	**天宝购物中心有限责任公司	卫生纸	1*8	吨	0.81	10683.77	8,653.85	0.13
5	2020/1/10	**家具（福建）有限公司	装饰纸	1240	吨	20.41	8376.07	170,955.56	0.13
6	2020/1/10	**市中胜木业	装饰纸	1240	吨	8.71	9829.06	85,611.11	0.13
8	2020/1/18	**市福利教育器材厂	装饰纸	1240	吨	24.32	10598.29	257,750.43	0.13
9	2020/1/18	**华睿林彩色印刷有限公司	装饰纸	1240	吨	20.22	10598.29	214,297.44	0.13
10	2020/1/18	**华睿林彩色印刷有限公司	装饰纸	1240	吨	20.13	10598.29	213,343.59	0.13
11	2020/1/21	**市明珠商业企业集团有限公司	**特柔3层实心卷纸	1*8	件	30	184.27	5,528.21	0.13
12	2020/1/21	**三环装饰材料制造有限公司	装饰纸	1240	吨	16.14	10598.29	171,056.41	0.13
13	2020/1/21	**三环装饰材料制造有限公司	装饰原纸	1240	吨	11.12	7863.25	87,439.32	0.13
14	2020/1/21	**江博泰装饰材料有限责任公司	装饰纸	1240	吨	19.75	10867.20	214,638.13	0.13

2020-1　2020-2

图9-64

在上图中只需要导入阴影部分的数据，即"日期""客户名称""商品名称""规格型号""计量单位""数量""不含税单价"和"税率"。其操作方式与前面介绍的方式相似，只需要在输入SQL语句时依次罗列这些字段名称即可，如图9-65所示。

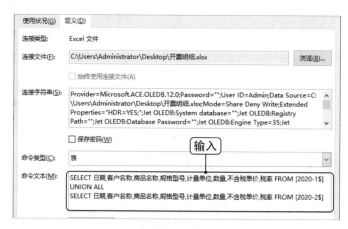

图9-65

数据透视表创建完成后，即可在"数据透视表字段"窗格中对报表字段进行布局，从而查看分析结果，如图9-66所示。

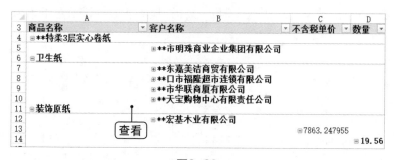

图9-66

9.2.4　分析数据时自动排除重复项

在使用数据透视表进行计数统计时，不论数据是否重复，每一条数据记录都会被视为一个统计数据。然而在实际数据分析中是不合适的，就需要对其进行处理。

例如，在如图9-63所示的开票明细表中，如果需要统计客户购买商品的种数和购买商品的客户数。只需要使用SELECT语句在数据源中选择出这两个字段，并用UNION关键字连接即可，如图9-67所示。

图9-67

分别对数据透视表进行布局，即可查看到客户购买的商品种数和购买商品的客户数，如图9-68所示。

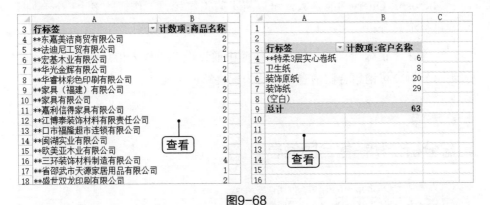

图9-68

除了通过上面的SQL语句实现选择多区域的不重复数据外，还可以通过DISTINCT关键字来实现。例如要解决以上问题，使用DISTINCT关键字的SQL语句如下：

SELECT DISTINCT * FROM

SELECT 客户名称,商品名称 FROM [2020-1$]

UNION ALL

SELECT 客户名称,商品名称 FROM [2020-2$]

这种方法相比前面的方法，SQL语句较为复杂，但是通常这种方法的效率比前面的方法的效率高。

9.3　善用工具，关联数据一表解决

除了通过连接+SQL语句进行数据表关联查询外，Microsoft Office还提供了另一种查询工具——Microsoft Query。Microsoft Query主要使用SQL生成查询语句，将其传输给数据源，从而能更准确地从外部数据源导入符合要求的数据。

9.3.1　使用Microsoft Query进行数据查询

Microsoft Query功能强大，可以将不同工作表、工作簿的多个Excel数据列表进行汇总分析。

下面在"销售合同明细表"工作簿中通过现有工作表信息创建数据透视表汇总分析公司销售合同信息，以此为例讲解相关操作。

案例精解

汇总分析公司销售合同信息

本节素材	⊙/素材/Chapter09/销售合同明细表.xlsx
本节效果	⊙/效果/Chapter09/销售合同明细表.xlsx

步骤01 打开"销售合同明细表"素材文件，在"数据"选项卡"获取外部数据"组中单击"自其他来源"下拉按钮，选择"来自Microsoft Query"命令，如图9-69所示。

步骤02 在打开的"选择数据源"对话框中选择"Excel Files*"选项，单击"确定"按钮，如图9-70所示。

图9-69

图9-70

步骤03 在打开的"选择工作簿"对话框
的"目录"列表框中选择目标文件的保存
位置,在左侧的列表框中选择"销售合同
明细表.xlsx"工作簿,单击"确定"按钮,
如图9-71所示。

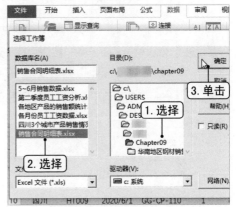

图9-71

知识延伸｜显示出系统表

经过步骤03以后,系统可能会打开"数据源中没有包含可见的表格"提示对话
框,导致后续操作无法进行。这时只需要在该提示对话框中单击"确定"按钮,在打
开的"查询向导-选择列"对话框中单击"选项"按钮,在打开的"表选项"对话框
中选中"系统表"复选框,单击"确定"按钮即可,如图9-72所示。

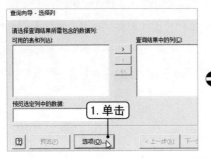

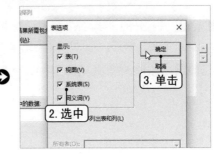

图9-72

步骤04 在打开的对话框中将"可用的表和列"列表框中需要使用的列添加到"查询结果中的列"列表框中，单击"下一步"按钮，如图9-73所示。

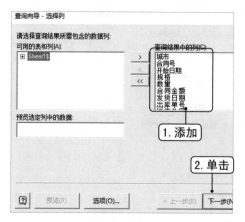

图9-73

步骤05 依次单击"下一步"按钮，在"查询向导-完成"对话框中选中"在Microsoft Query中查看数据或编辑查询"单选按钮，如图9-74所示，单击"完成"按钮。

步骤06 在打开的窗口中单击"将数据返回到Excel"按钮，如图9-75所示。

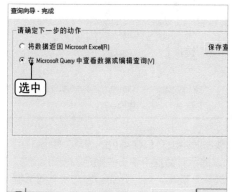

图9-74

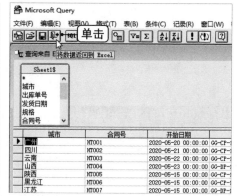

图9-75

步骤07 在打开的"导入数据"对话框中选中"数据透视表"和"新工作表"单选按钮，单击"确定"按钮，如图9-76所示。

步骤08 在新创建的数据透视表中的"数据透视表字段"窗格中对数据透视表字段进行布局，如图9-77所示。

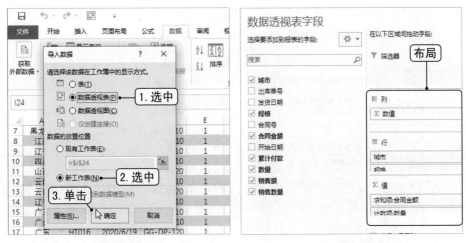

图9-76   图9-77

步骤09 完成报表布局后，即可在数据透视表中查看最终的销售合同统计数据，如图9-78所示。

城市	规格	求和项:合同金	计数项:数量	计数项:销售数量	求和项:销售额	求和项:累计付款
⊟广东		300000	2	2	300000	300000
	GG-CP-110	100000	1	1	100000	100000
	GG-DP-120	200000	1	1	200000	200000
⊟广州		390000	2	2	390000	370000
	GG-CP-110	300000	1	1	300000	280000
	GG-DP-110	90000	1	1	90000	90000
⊟贵州		330000	2	2	330000	330000
	GG-DP-110	100000	1	1	100000	100000
	GG-DP-120	230000	1	1	230000	230000
⊟黑龙江		150000	1	1	150000	140000
	GG-CP-110	150000	1	1	150000	140000
⊟江苏		250000	1	1	250000	250000
	GG-DP-110	250000	1	1	250000	250000
⊟辽宁		228000	2	2	228000	220000
	GG-CP-110	228000	2	2	228000	220000
⊟山西		410000	2	2	410000	410000
	GG-CP-120	210000	1	1	210000	210000

图9-78

9.3.2 将多表相关数据汇总到一张表

在使用Excel记录数据的时候，可能会在不同的工作表或是工作簿中进行记录，并且这些数据之间存在公共的字段。对于这样存储的数据，可以通过Microsoft Query导入数据创建数据透视表进行分析。

下面在"各项工资数据汇总"工作簿中将3张工作表中的数据汇总到一起分析，以此为例讲解相关操作。

案例精解

汇总分析员工工资数据

本节素材	◎/素材/Chapter09/各项工资数据汇总.xlsx
本节效果	◎/效果/Chapter09/各项工资数据汇总.xlsx

步骤01 打开"各项工资数据汇总"素材文件，在"数据"选项卡"获取外部数据"组中单击"自其他来源"下拉按钮，在弹出的下拉菜单中选择"来自Microsoft Query"命令，如图9-79所示。

步骤02 在打开的"选择数据源"对话框中选择"Excel Files*"选项，单击"确定"按钮，如图9-80所示。

图9-79

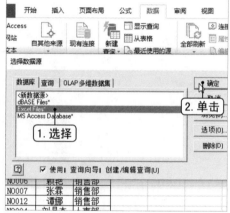

图9-80

步骤03 在打开的"选择工作簿"对话框中选择文件的所在位置并选择"各项工资数据汇总.xlsx"工作簿，单击"确定"按钮，如图9-81所示。

步骤04 在打开的对话框中将"可用的表和列"列表框中需要使用的列添加到"查询结果中的列"列表框中（这里添加3张工作表中的不重复项），单击"下　步"按钮，如图9-82所示。

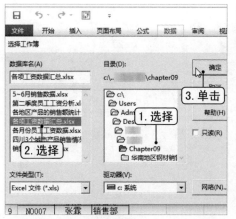

图9-81

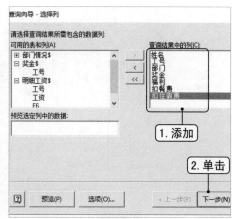

图9-82

步骤05 在打开的提示对话框中直接单击"确定"按钮，在新打开的"查询来自Excel Files"窗口中拖动"工号"字段到另一张表中的"工号"字段上，将3张表中的"工号"字段连接起来，如图9-83所示，关闭窗口。

步骤06 在打开的"导入数据"对话框中选中"数据透视表"和"新工作表"单选按钮，单击"确定"按钮，如图9-84所示。

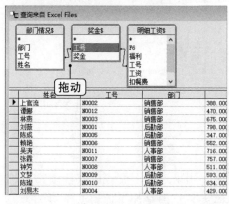

图9-83

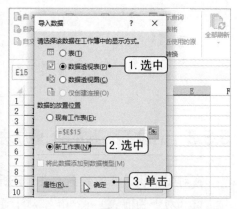

图9-84

步骤07 在新创建的数据透视表中的"数据透视表字段"窗格中对数据透视表字段进行布局，如图9-85所示。

步骤08 选择B到E列，在"开始"选项卡"数字"组中单击"数字格式"下拉列表框右侧的下拉按钮，选择"会计专用"选项，如图9-86所示。

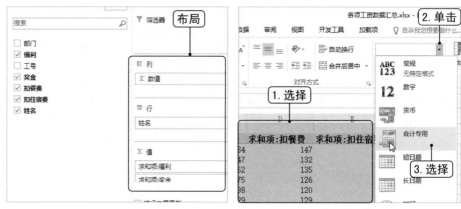

图9-85　　　　　　　　　　　　　　　图9-86

步骤09 完成报表布局后，即可在数据透视表中查看最终的员工各项工资数据，如图9-87所示。

3	行标签 ▼	求和项:福利	求和项:奖金	求和项:扣餐费	求和项:扣住宿费
4	陈璨	¥　572.00	¥　634.00	¥　147.00	¥　100.00
5	陈成	¥　630.00	¥　347.00	¥　132.00	¥　100.00
6	赖艳	¥　212.00	¥　552.00	¥　135.00	¥　100.00
7	林燕	¥　903.00	¥　675.00	¥　126.00	¥　100.00
8	刘薇	¥　563.00	¥　798.00	¥　120.00	¥　100.00
9	刘易杰	¥　602.00	¥　429.00	¥　129.00	¥　100.00
10	上官流	¥　479.00	¥　388.00	¥　123.00	¥　100.00
11	谭娜	¥　176.00	¥　470.00	¥　153.00	¥　100.00
12	文梦	¥　813.00	¥　593.00	¥　144.00	¥　100.00
13	吴涛	¥　104.00	¥　716.00	¥　150.00	¥　100.00
14	张霖	¥　652.00	¥　757.00	¥　138.00	¥　100.00
15	钟芳	¥　713.00	¥　511.00	¥　141.00	¥　100.00
16	总计	¥　6,419.00	¥　6,870.00	¥　1,638.00	¥　1,200.00

图9-87

9.3.3　记录不一致的处理办法

在对多个相关联的数据表进行分析时，用来连接多个表的字段通常被称为主键（对于当前表）或外键（对于连接表）。但是如果连接两个表的主键或外键并不能完全对应，可能导致某些值只在主键中存在，某些值只在外键中存在。这时则需要通过编辑连接的方式进行调整。

下面在"考勤数据汇总"工作簿中统计分析员工的缺勤情况，以此为例讲解相关操作。

案例精解

统计分析员工缺勤情况

本节素材	⊙/素材/Chapter09/考勤数据汇总.xlsx
本节效果	⊙/效果/Chapter09/考勤数据汇总.xlsx

步骤01 打开"考勤数据汇总"工作簿，在"数据"选项卡"获取外部数据"组中单击"自其他来源"下拉按钮，选择"来自Microsoft Query"命令，如图9-88所示。

步骤02 在打开的"选择数据源"对话框中选择"Excel Files*"选项，单击"确定"按钮，如图9-89所示。

图9-88

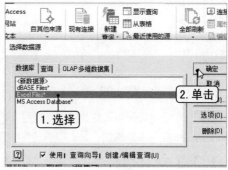

图9-89

步骤03 在打开的"选择工作簿"对话框中选择文件的所在位置与"考勤数据汇总.xlsx"工作簿，单击"确定"按钮，如图9-90所示。

步骤04 在打开的对话框中将"可用的表和列"列表框中需要使用的列添加到"查询结果中的列"列表框中，如图9-91所示，单击"下一步"按钮。

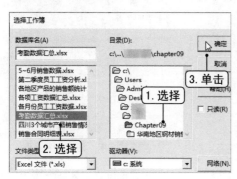

图9-90

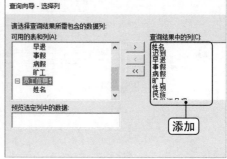

图9-91

🔲 **步骤05** 在打开的提示对话框中直接单击"确定"按钮，在打开的窗口中拖动"缺勤统计"表中的"姓名"字段到"员工信息"表中的"姓名"字段上，如图9-92所示。

🔲 **步骤06** 双击两个表间的连线，在打开的对话框中选中第三个单选按钮（即选择"员工信息"表中所有值和"缺勤统计"表中部分记录），如图9-93所示，单击"添加"按钮。

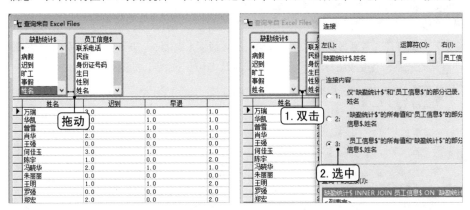

图9-92	图9-93

🔲 **步骤07** 依次关闭对话框和窗口，在打开的"导入数据"对话框中选中"数据透视表"和"新工作表"单选按钮，单击"确定"按钮，如图9-94所示。

🔲 **步骤08** 在创建的数据透视表中的"数据透视表字段"窗格中布局报表，如图9-95所示。

图9-94	图9-95

🔲 **步骤09** 按【Ctrl+H】组合键，在打开的对话框的"查找内容"下拉列表框中输入"求和项："文本，在"替换为"下拉列表框输入一个空格，单击"全部替换"按钮，如图9-96所示。

🔲 **步骤10** 取消数据透视表最后一行中的"（空白）"行，即可在数据透视表中查看到员工的缺勤情况，如图9-97所示。

图9-96　　　　　　　　　　　　　　　图9-97

9.4　拓展延伸，其他方式创建透视表

本章和前面章节介绍了多种创建数据透视表的方法，本章的最后将具体介绍其他的一些数据透视表创建方法。

9.4.1　使用文本数据源创建数据透视表

在一些特殊情况下，无法通过Excel之类的应用程序记录数据，而是将数据保存为文本类型（*.TXT或*.CSV）。在后期如果需要对这些数据进行分析则比较麻烦。

要分析这类数据，常用的方法是将文本数据导入到Excel中，再以导入的数据为数据源创建数据透视表进行分析。除了这种方法外，还可以通过Microsoft Query工具，将文本文档作为外部数据源进行分析。

下面将以文本形式记录的开支数据作为外部数据源进行数据分析，以此为例讲解相关操作。

案例精解

分析企业各项开支数据

本节素材	◎/素材/Chapter09/开支分析
本节效果	◎/效果/Chapter09/开支分析/开支分析.xlsx

步骤01 打开"开支分析"文件夹中的"开支分析"工作簿，在"数据"选项卡"获取外部数据"组中单击"自其他来源"下拉按钮，在弹出的下拉菜单中选择"来自Microsoft Query"命令，如图9-98所示。

步骤02 在打开的"选择数据源"对话框中双击"<新数据源>"选项，如图9-99所示。

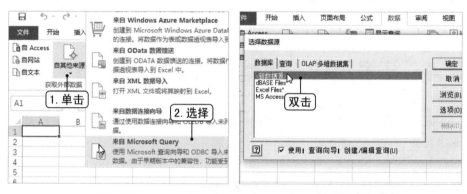

图9-98	图9-99

步骤03 在打开的"创建新数据源"对话框中设置数据源的名称为"Text File"，设置驱动程序为"Microsoft Text Driver（*.txt，*.csv）"，然后单击"连接"按钮，如图9-100所示。

步骤04 在打开的对话框中直接单击"确定"按钮，如图9-101所示。

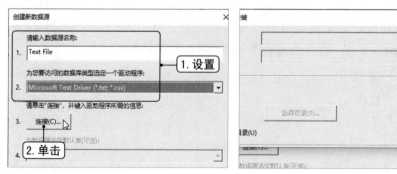

图9-100	图9-101

步骤05 在打开的"ODBC Text安装"对话框中取消选中"使用当前目录"复选框,单击"选择目录"按钮,如图9-102所示。

步骤06 在打开的对话框中选择当前文本文档所在的文件夹,单击"确定"按钮,如图9-103所示。

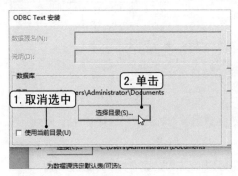

图9-102

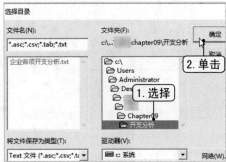

图9-103

步骤07 在返回到的"ODBC Text安装"对话框中单击"选项"按钮,取消选中"默认(".")"复选框,在左侧的列表框中选择"*.txt"选项,单击"定义格式"按钮,如图9-104所示。

步骤08 在打开的"定义Text格式"对话框的"表"栏中选择目标文本文档,选中"列名标题"复选框,在"格式"下拉列表框中选择"Tab分隔符"选项,如图9-105所示。

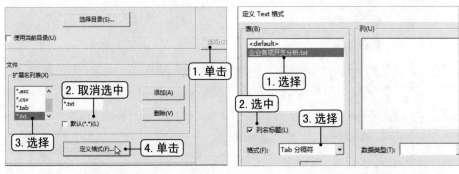

图9-104   图9-105

步骤09 单击"猜测"按钮,在"列"列表框中选择"项目"选项,设置"数据类型"为"LongChar",设置"名称"为"支出项目",单击"修改"按钮,如图9-106所示。

步骤10 用同样的方法分别在"列"列表框中选择1月~12月,设置其数据类型为"Float",单击"确定"按钮,如图9-107所示。

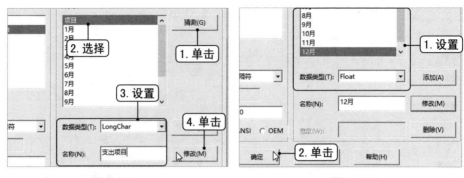

图9-106　　　　　　　　　　　　　　　　　　图9-107

步骤11 依次单击"确定"按钮返回到"选择数据源"对话框，选择"Text File"选项，单击"确定"按钮，如图9-108所示。

步骤12 在打开的对话框中将所有需要的字段添加到右侧的列表框中（这里添加所有项目），如图9-109所示。

图9-108

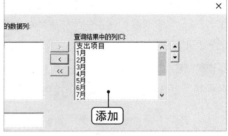

图9-109

步骤13 依次单击"下一步"按钮，最后单击"完成"按钮，在打开的"导入数据"对话框中选中"数据透视表"单选按钮，单击"确定"按钮，如图9-110所示。

步骤14 在数据透视表中进行简单布局即可查看最终效果，如图9-111所示。

行标签	求和项:1月	求和项:2月	求和项:3月	求和项:4月
办公费	3758	1729	3517	209
保险费	1182	4799	2844	140
广告费	4997	4787	4830	145
旅差费	4971	2684	3852	173
水电费	1302	2179	3533	217
通讯费	4025	4269	2926	491
薪金	4947	1642	3804	336
杂费	4024	4307	2451	290
租金	2768	1715	1359	421
总计	31974	28111	29206	2425

图9-110　　　　　　　　　　　　　　　　　　图9-111

9.4.2　使用公式辅助创建多区域数据透视表

前面介绍了一些多区域合并创建数据透视表的方法，相对来说有一定的操作难度。但是对于一些较为简单的多区域数据合并分析，则可以借助公式快速将数据源进行合并，再在此基础上创建数据透视表进行数据分析。

下面以在前面介绍的汇总分析员工缺勤情况为例，介绍先将员工缺勤数据导入员工信息表中，再创建数据透视表进行分析的相关操作。

案例精解

通过公式辅助汇总分析考勤数据

本节素材	◎/素材/Chapter09/考勤数据汇总1.xlsx
本节效果	◎/效果/Chapter09/考勤数据汇总1.xlsx

步骤01 打开"考勤数据汇总1"素材文件，在"员工信息"工作表中输入缺勤项目名称并设置格式，选择H2单元格，在编辑栏输入公式获取员工考勤数据，如图9-112所示。

步骤02 拖动H2单元格右下角的填充柄，填充所有考勤数据，如图9-113所示。

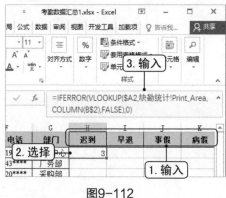

图9-112

图9-113

步骤03 选择"员工信息"工作表中的任意数据单元格，单击"插入"选项卡"表格"组中的"数据透视表"按钮，如图9-114所示。

步骤04 在打开的对话框中选中"新工作表"单选按钮，单击"确定"按钮，如图9-115所示。

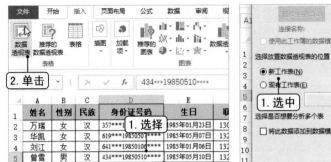
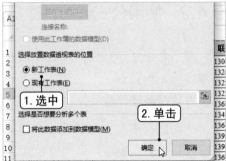

图9-114　　　　　　　　　　　　图9-115

步骤05　完成创建后，在"数据透视表字段"窗格中对数据透视表进行布局，如图9-116所示。

步骤06　完成后通过查找替换功能将"求和项："替换为空格，即可查看最终效果，如图9-117所示。

图9-116　　　　　　　　　　　　图9-117

第 ⑩ 章

报告数据的图形化展示

本章导读

　　一些数据分析结果通过表格形式展示可能并不直观，不利于报表使用者查看。而将报表分析结果图形化可以更直观地展示报表信息，提升报表使用体验，还可以像数据透视表一样进行动态分析。

知识要点

- 创建透视图，图形化透视表数据
- 把握图表基础，掌握透视图基本操作
- 合理布局，美化数据透视图
- 图表应用，数据透视图技能提升

10.1 创建透视图，图形化透视表数据

数据透视表是由大量的数据构成的，方便数据分析工作者进行分析。然而在一些场合下，并不能直观反映数据的变化情况，例如比较数据大小、查看数据占比以及查看数据变化情况等，这时就可以通过数据透视图进行数据展示。

在实际操作中，数据透视图表的创建方式多种多样，下面具体介绍创建数据透视图表的相关方法。

10.1.1 在已有数据透视表基础上创建

通常使用图表对分析结果进行展示，会使分析结果更为直观。如果需要对数据透视表分析结果进行展示，可以在已有的数据透视表基础上创建数据透视图。

下面在"服装调查统计"工作簿中根据已经创建的服装销售占比分析数据透视表创建数据透视图，以此为例讲解相关操作。

案例精解

创建数据透视图展示服装销售占比

本节素材	◎/素材/Chapter10/服装调查统计.xlsx
本节效果	◎/效果/Chapter10/服装调查统计.xlsx

步骤01 打开"服装调查统计"素材文件，选择数据透视表中的任意数据单元格，单击"数据透视表工具 分析"选项卡"工具"组中的"数据透视图"按钮，如图10-1所示。

步骤02 在打开的"插入图表"对话框中单击"柱形图"选项卡，双击需要的图表类型即可创建数据透视图，如图10-2所示。

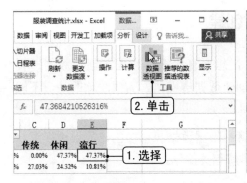

图10-1

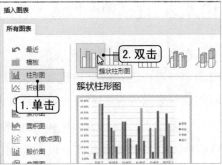

图10-2

步骤03 完成后即可在工作表中查看图形化报表的效果，如图10-3所示。

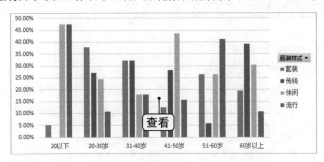

图10-3

知识延伸 | 通过"插入"选项卡创建数据透视图

　　数据透视图也可以像普通图表一样通过"插入"选项卡创建。直接选择数据透视表中的任意数据单元格，单击"插入"选项卡"图表"组中的"数据透视图"下拉按钮，选择"数据透视图"命令，在打开的对话框中双击合适的图表类型即可，如图10-4所示。

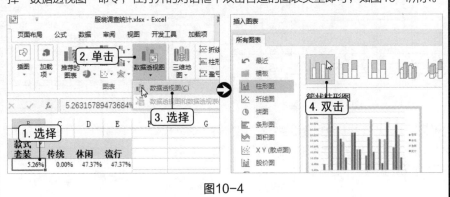

图10-4

10.1.2　在创建数据透视表时创建

在当前没有数据透视表的情况下，想要直接根据数据源创建数据透视图，则可以在创建数据透视表的同时创建数据透视图。需要注意的是，不能够创建与数据透视表无关的数据透视图。

下面在"各部门工资比较"工作簿中根据数据源直接创建数据透视图，分析各部门工资数据高低，以此为例讲解相关操作。

案例精解

用数据透视图比较各部门工资

本节素材	◎/素材/Chapter10/各部门工资比较.xlsx
本节效果	◎/效果/Chapter10/各部门工资比较.xlsx

步骤01 打开"各部门工资比较"素材文件，选择工作表中的任意数据单元格，单击"插入"选项卡"图表"组中的"数据透视图"下拉按钮，在弹出的下拉菜单中选择"数据透视图"命令，如图10-5所示。

步骤02 在打开的"创建数据透视图"对话框中直接单击"确定"按钮创建数据透视表和数据透视图，如图10-6所示。

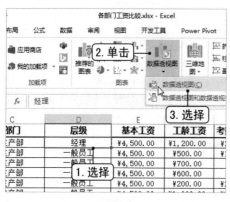

图10-5

图10-6

步骤03 在打开的"数据透视图字段"窗格中，将"部门"字段拖动到"轴（类别）"区域，将"实付工资"字段拖动到"值"区域，完成数据透视图和数据透视表的布局，如图10-7所示。

步骤04 完成报表布局后，即可查看数据透视图的效果，如图10-8所示。

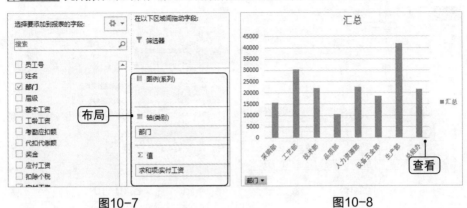

图10-7   图10-8

10.1.3　使用向导创建数据透视图

前面介绍过通过向导创建数据透视表，主要是针对特殊的分析需求或是数据源较为复杂的情况，例如多重合并计算区域、使用外部数据源等创建数据透视表。

通过向导不仅可以创建数据透视表，也可以创建数据透视图，只需要在使用向导的过程中简单设置即可。

下面在"实际与预算对比分析"工作簿中使用向导创建数据透视图分析各项目预算与实际开支情况，以此为例讲解相关操作。

案例精解

使用向导创建数据透视图对比分析实际开支与预算费用

本节素材	⊙/素材/Chapter10/实际与预算对比分析.xlsx
本节效果	⊙/效果/Chapter10/实际与预算对比分析.xlsx

步骤01 打开"实际与预算对比分析"素材文件，单击快速访问工具栏中的"数据透视表和数据透视图向导"按钮，如图10-9所示。

步骤02 在打开的"数据透视表和数据透视图向导-步骤1（共3步）"对话框中选中"多重合并计算数据区域"单选按钮，选中"数据透视图（及数据透视表）"单选按钮，如图10-10所示，单击"下一步"按钮。

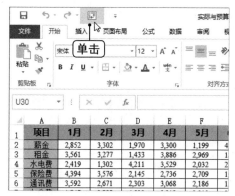

图10-9

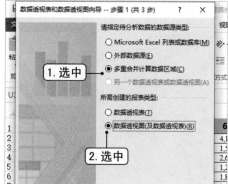

图10-10

步骤03 在打开的对话框中选中"自定义页字段"单选按钮，单击"下一步"按钮，如图10-11所示。

步骤04 在打开的对话框中将"实际"和"预算"工作表中的数据添加到"所有区域"列表框中，如图10-12所示。

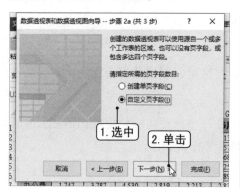

图10-11

图10-12

步骤05 在"所有区域"列表框中选择实际字段区域，在"请先指定要建立在数据透视表中的页字段数目"栏中选中"1"单选按钮，在"字段1"下拉列表框中输入"实际"文本，如图10-13所示。

步骤06 在"所有区域"列表框中选择预算字段区域，在"字段1"下拉列表框中输入"预算"文本，如图10-14所示，单击"下一步"按钮。

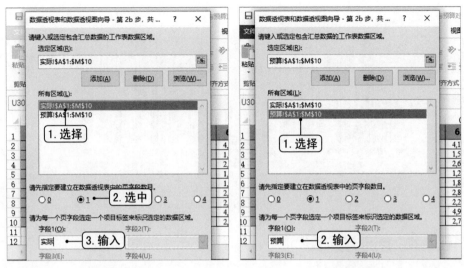

图10-13　　　　　　　　　　　　　图10-14

步骤07 在打开的"数据透视表和数据透视图向导-步骤3（共3步）"对话框中选中"新工作表"单选按钮，单击"完成"按钮，如图10-15所示。

步骤08 在"数据透视图字段"窗格中将"页1"字段拖到"轴（类别）"区域末尾即可，如图10-16所示。

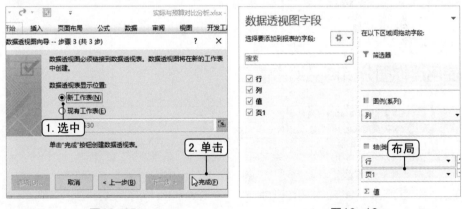

图10-15　　　　　　　　　　　　　图10-16

步骤09 完成数据透视图和数据透视表的布局后，即可在工作表中查看到最终的分析效果，如图10-17所示。

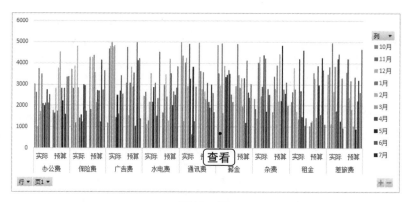

图10-17

10.1.4 创建迷你图

迷你图不仅可以在普通数据表中使用，在数据透视表中同样可以插入迷你图进行数据展示。与普通图表不同的是，迷你图是创建在工作表单元格中的微型图表。

下面在"商品销售分析"工作簿中的数据透视表中创建迷你图分析各种商品的销售情况，以此为例讲解相关操作。

案例精解

使用迷你图分析商品销售情况

本节素材	◎/素材/Chapter10/商品销售分析.xlsx
本节效果	◎/效果/Chapter10/商品销售分析.xlsx

步骤01 打开"商品销售分析"素材文件，切换到"销售分析"工作表，选择B4单元格，单击"数据透视表工具 分析"选项卡"计算"组中的"字段、项目和集"下拉按钮，选择"计算项"命令，如图10-18所示。

步骤02 在打开的对话框中的"名称"下拉列表框中输入"迷你分析图"文本，将"公式"文本框设置为空，单击"确定"按钮，如图10-19所示。

图10-18

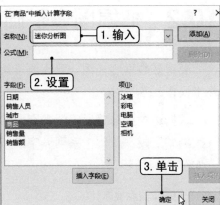
图10-19

步骤03 选择数据透视表中C5:G12单元格区域，在"插入"选项卡"迷你图"组中单击"柱形图"按钮，如图10-20所示。

步骤04 在打开的"创建迷你图"对话框中的"数据范围"参数框中输入"B5:F12"，单击"确定"按钮，如图10-21所示。

图10-20

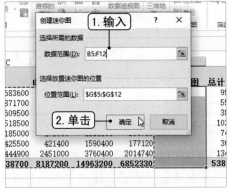
图10-21

步骤05 完成设置后，返回到数据透视表中即可查看到最终效果，如图10-22所示。

3	求和项:销售额	列标签						
4	行标签	冰箱	彩电	电脑	空调	相机	迷你分析图	总计
5	方芳	2189200	1683600	1926400	2564800	1202940		9566940
6	刘金	1432600	871700	662200	1996400	560880		5523780
7	刘天	1268800	609500	731000	1024800	225090		38
8	王敏	2277600	2518500	1522200	2189600	1870830		103
9	王泉	2132000	2185000	473000	1836800	800730		7427530
10	王宇	988000	425500	421400	1590400	177120		3602420
11	周州	2779400	2444900	2451000	3760400	2014740		13450440
12	总计	13067600	10738700	8187200	14963200	6852330		53809030

图10-22

219

10.2　把握图表基础，掌握透视图基本操作

　　要用好数据透视图，就需要了解数据透视图的基本结构和数据透视图的基本操作。

　　数据透视图与普通的图表有所不同，数据透视图中通常包括筛选器、轴（类别）字段、图例（系列）字段和值字段。这些部分在数据透视图中的位置如图10-23所示。

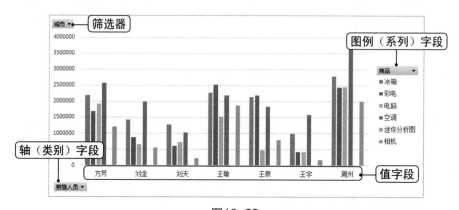

图10-23

　　下面具体介绍这4个部分的功能和用法。

● **筛选器** 对应数据透视表中的报表筛选区域，主要用来对数据透视图和数据透视表进行数据筛选。

● **轴（类别）字段** 对应数据透视表中的行标签区域，单击该下拉按钮可以对数据项进行筛选，是图表中值显示部分的数据项。

● **图例（系列）字段** 对应数据透视表中的列标签区域，可以通过该下拉按钮对数据透视图显示的数据进行筛选。

● **值字段** 对应数据透视表中的数值区域，是数据透视图中的数据系列。

　　了解了数据透视图的基本结构以及与数据透视表之间的关系后，还需要了解数据透视图的基本操作。

10.2.1 移动数据透视图和更改数据透视图大小

数据透视图创建完成后，在实际报表展示过程中可能需要移动数据透视图或是调整数据透视图的大小，下面分别进行介绍。

1.移动数据透视图

数据透视图和普通图表相似，其位置是可以移动的，有3种方法实现。

● **使用快捷键移动数据透视图** 选择需要移动的数据透视图，按【Ctrl+X】组合键剪切图表，然后切换到目标工作表中，按【Ctrl+V】组合键粘贴即可，如图10-24所示。

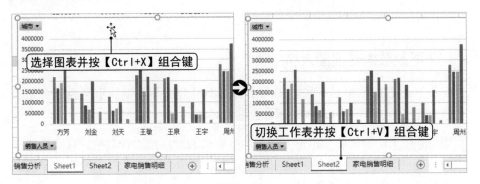

图10-24

● **通过快捷菜单移动数据透视图** 右击要移动的数据透视图，在弹出的快捷菜单中选择"移动图表"命令，在打开的对话框中选择移动位置，单击"确定"按钮，如图10-25所示。

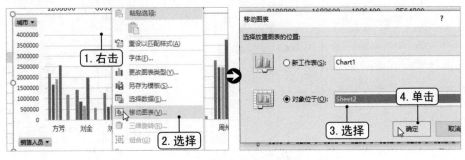

图10-25

● **通过功能区按钮移动数据透视图** 选择需要移动的数据透视图，单击"数据透视图工具 分析"选项卡"操作"组中的"移动图表"按钮（或是单击"数据透视图工具 设计"选项卡"位置"组中的"移动图表"按钮），如图10-26所示。在打开的"移动图表"对话框中进行相应设置即可。

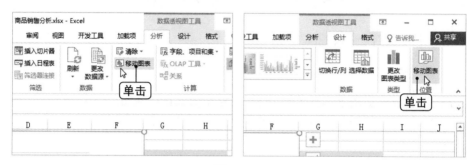

图10-26

2.更改数据透视图大小

默认创建的数据透视图，其大小可能不符合实际数据展示需要或是图表内容展示不美观。这时，就需要对数据透视图的大小进行调整。

● **精确调整** 精确调整就是输入图表的高度值和宽度值进行调整。只需要选择数据透视图，在"数据透视图工具 格式"选项卡"大小"组中设置宽度值和高度值即可，如图10-27左图所示。

● **手动调整** 手动调整不够精确但是快捷。选择需要调整的数据透视图，拖动图表边框上的8个控制点即可手动调整透视图大小，如图10-27右图所示。（在拖动4个角上的控制点时，按住【Shift】键可实现等比缩放调整透视图大小）。

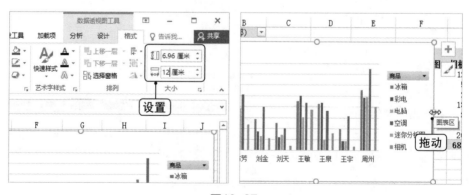

图10-27

10.2.2　更改数据透视图的数据系列

对于数据源，数据系列就是数据表中的一行或一列数据。对于数据透视图，数据系列就是其中用来展示数据大小的形状，如柱形图中的柱形形状。

这里的更改数据透视图的数据系列，一是更改数据系列的格式，二是更改数据系列的样式。下面分别进行介绍。

1.更改数据系列的格式

要更改数据透视图数据系列的格式，首先需要选择数据透视图中的任意数据系列，右击，在弹出的快捷菜单中选择"设置数据系列格式"命令打开"设置数据系列格式"窗格，在其中即可对数据系列的颜色、效果和间距等进行设置，如图10-28所示。

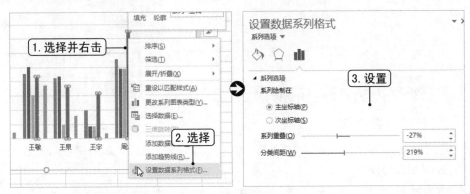

图10-28

2.更改数据系列的样式

更改数据透视图数据系列的样式，就是换一种样式展示。例如将柱状的数据系列更改为折线的数据系列。这种情况通常使数据透视图中包含多种不同数据系列。

下面在"同时分析办公费和广告费"工作簿中使用不同的图表类型对比分析各月份的办公费用支出和广告费用支出，以此为例讲解相关操作。

案例精解

对比分析办公费用和广告费用支出

本节素材	◎/素材/Chapter10/同时分析办公费和广告费.xlsx
本节效果	◎/效果/Chapter10/同时分析办公费和广告费.xlsx

步骤01 打开"同时分析办公费和广告费"素材文件，选择数据透视表中的任意数据单元格，单击"数据透视表工具 分析"选项卡"工具"组中的"数据透视图"按钮，如图10-29所示。

步骤02 在打开的"插入图表"对话框中双击"簇状柱形图"选项，插入簇状柱形图，如图10-30所示。

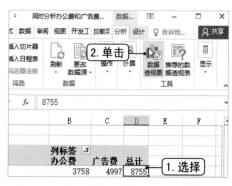

图10-29

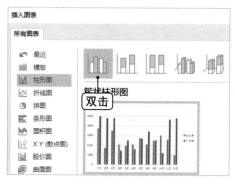

图10-30

步骤03 在数据透视图中选择"广告费"数据系列，右击，选择"更改系列图表类型"命令，如图10-31所示。

步骤04 在打开的对话框的"为您的数据系列选择图表类型和轴"栏中单击"广告费"下拉列表框右侧的下拉按钮，选择"折线图"选项，如图10-32所示。

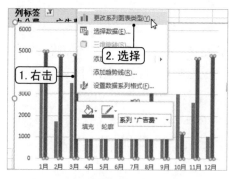

图10-31

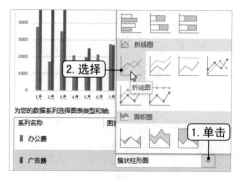

图10-32

步骤05 完成设置后，单击"确定"按钮返回工作表，调整图表大小，即可查看最终的图表效果，如图10-33所示。

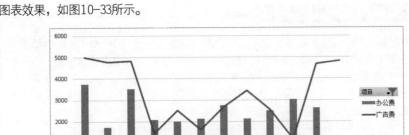

图10-33

10.2.3　更改图表类型

在创建数据透视图时，系统默认创建柱形图。然而在实际分析过程中还会使用到饼图、折线图、面积图以及气泡图等，因此数据分析工作者还需要掌握图表类型的更改方法。

更改图表类型的操作较为简单，首先选择需要更改的数据透视图，单击"数据透视图工具 设计"选项卡"类型"组中的"更改图表类型"按钮，在打开的"更改图表类型"对话框中单击需要的图表类型选项卡（这里单击"折线图"选项卡），再双击图表子类型即可，如图10-34所示。

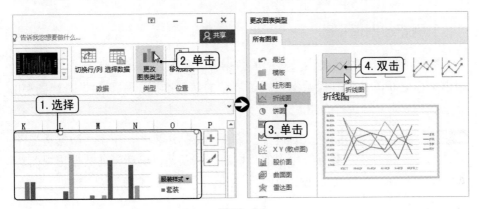

图10-34

知识延伸 | 设置默认的图表类型

　　默认情况下，选择数据透视表中的任意数据单元格，按【Alt+F1】组合键即可快速创建默认图表样式的数据透视图。初始化的默认图表类型为簇状柱形图，然而在实际工作中最常用的可能并不是这种图表类型，则可以在"插入图表"对话框或"更改图表类型"对话框中右击需要设置为默认图表的图表类型，在弹出的快捷菜单中选择"设置为默认图表"命令即可，如图10-35所示。

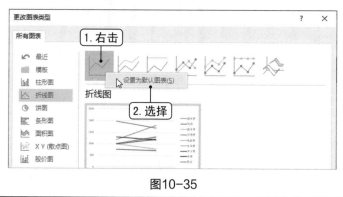

图10-35

10.2.4　刷新和删除数据透视图

　　数据透视图和数据透视表相似，在创建以后，可以根据实际需要对其进行刷新或删除。

1.刷新数据透视图

　　数据透视图的刷新是当其对应的数据源发生变化后，数据透视图也需要同步进行更新，从而确保数据透视图展示的信息准确。刷新数据透视图有3种方法，下面分别进行介绍。

● 通过选项卡按钮刷新 首先选择需要刷新的数据透视图，单击"数据透视图工具 分析"选项卡"数据"组中的"刷新"按钮即可刷新当前数据透视图，如图10-36所示。

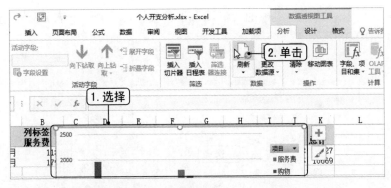

图10-36

● **通过快捷菜单命令刷新** 选择需要刷新的数据透视图，在图表区右击，在弹出的快捷菜单中选择"刷新数据"命令即可，如图10-37所示。

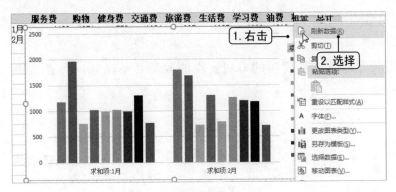

图10-37

● **通过快捷键刷新** 选择需要刷新的数据透视图，直接按【Alt+F5】组合键，即可刷新数据透视图。

由于数据透视图与数据透视表是相关联的，因此，还可以通过刷新数据透视表来刷新数据透视图。

2.删除数据透视图

在数据分析工作完成或是需要进行其他数据分析时，当前的数据透视图可能就不再需要了，此时则可以将其删除。删除数据透视图的方法主要有两种，下面分别进行介绍。

● **通过选项卡按钮删除** 选择需要删除的数据透视图，单击"数据透视图工具分析"选项卡"操作"组中的"清除"下拉按钮，选择"全部清除"选项即可，如图10-38所示。

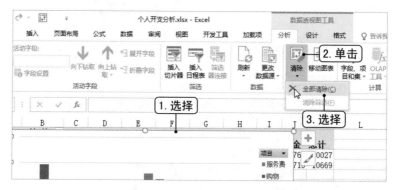

图10-38

● **通过快捷键删除** 选择需要删除的数据透视图，直接按【Delete】键即可删除数据透视图。

两种删除数据透视图的方式实现的效果并不相同，两者具体区别如表10-1所示。

表10-1

项目 ＼ 方法	通过选项卡按钮删除	通过快捷键删除
数据透视表	无内容	不变
数据透视图	清除内容	删除
删除后如何创建	重新布局	重新创建

10.3 合理布局，美化数据透视图

创建数据透视图后，可以通过不同的布局方式从图表的数据源中获取不同的信息，进行展示分析。掌握数据透视图的布局方式，能够提升数据分析工作者的分析能力。

10.3.1　数据透视图结构布局

　　数据透视图对应的"数据透视图字段"窗格和数据透视表对应的"数据透视表字段"窗格十分相似，唯一的不同点在于，"数据透视表字段"窗格中的"行"区域和"列"区域，在"数据透视图字段"窗格中被替换为了"轴（类别）"区域和"图例（系列）"区域，如图10-39所示。两个窗格的作用基本相同。

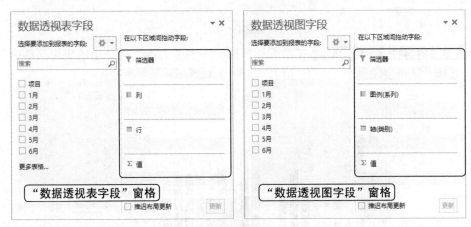

图10-39

　　在数据透视图对应的"数据透视图字段"窗格中拖动字段即可进行数据透视图布局。由于数据透视表与数据透视图相关联，因此改变数据透视图布局，数据透视表也会发生变化。

　　在进行数据分析的过程中，如果"数据透视图字段"窗格被关闭了，则主要可以通过以下两种方法打开。

●　通过选项卡按钮打开　选择数据透视图，在"数据透视图工具 分析"选项卡"显示/隐藏"组中单击"字段报表"按钮即可打开"数据透视图字段"窗格，如图10-40所示。

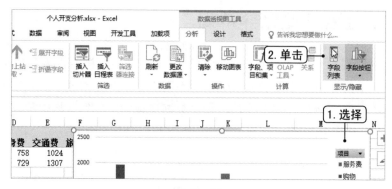

图10-40

● **通过快捷菜单命令打开** 在数据透视图的图表区右击，在弹出的快捷菜单中选择"显示字段列表"命令即可，如图10-41所示。

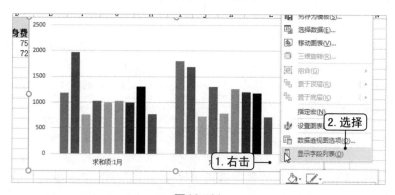

图10-41

10.3.2 合理使用图表元素

数据透视图中不仅包含默认创建的图表元素，在实际数据分析工作中还可以像普通图表一样添加图表元素。合理地使用图表元素能够让数据透视图展示的信息更为直观、明晰。

在数据透视图中添加图表元素主要有两种方法，具体如下所示。

● **通过"图表元素"按钮添加** 选择创建好的数据透视图，单击其右上方的"图表元素"按钮，在其下拉列表中选中需要添加的图表元素对应的复选框即可，如图10-42所示。

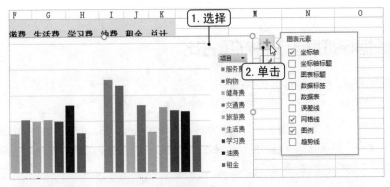

图10-42

● **通过选项卡按钮添加**　选择数据透视图，单击"数据透视图工具 设计"选项卡"图表布局"组中的"添加图表元素"下拉按钮，选择需要的图表元素即可，如图10-43所示。

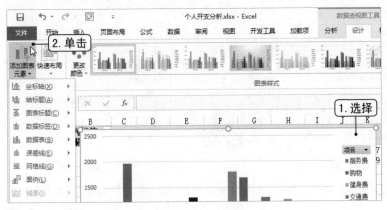

图10-43

下面分别对这些图表元素中的常用图表元素进行介绍。

1.数据标签的使用

　　默认情况下创建的数据透视图是不包含数据标签的，但是只有形状却难以明确形状对应的数据和数据的大小，不利于通过图形了解具体分析情况。

　　下面在"各工件产量占比"工作簿中为各工件的产量占比分析图表添加数据标签，以此为例讲解相关操作。

案例精解

添加数据标签展示工件产量占比

本节素材	◎/素材/Chapter10/各工件产量占比.xlsx
本节效果	◎/效果/Chapter10/各工件产量占比.xlsx

步骤01 打开"各工件产量占比"素材文件，选择数据透视图，单击"数据透视图工具设计"选项卡"图表布局"组中的"添加图表元素"下拉按钮，选择"数据标签/其他数据标签选项"命令，如图10-44所示。

步骤02 在打开的"设置数据标签格式"窗格的"标签选项"栏中选中"类别名称"复选框，取消选中"值"复选框，选中"百分比"复选框，如图10-45所示。

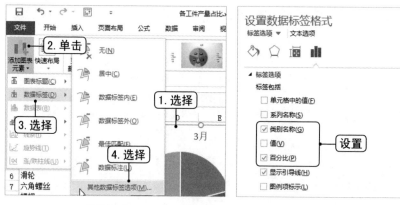

图10-44　　　　　　　　　　　　　　图10-45

步骤03 完成后即可在数据透视图中查看到添加数据标签后的效果，如图10-46所示。

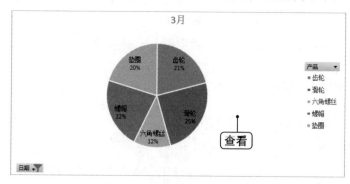

图10-46

2.合理使用图表标题

默认情况下创建的数据透视图，可能不包含图表标题，也可能图表标题过于简单，无法准确展示图表的主题。

如果数据透视图没有标题，就需要先添加一个标题，然后根据需要输入符合分析需要的标题即可。首先选择数据透视图，单击右上角的"图表元素"按钮，单击"图表标题"复选框右侧的▶按钮，在弹出的列表中选择"图表上方"选项，然后在添加的标题文本框中输入标题，如图10-47所示。

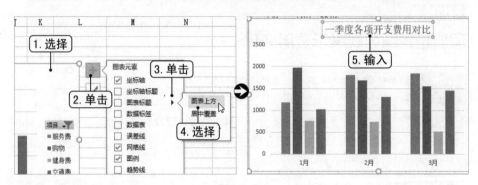

图10-47

3.切换行列分析数据

在数据透视图中可以单击"数据透视图工具 设计"选项卡中的"切换行/列"按钮将数据透视图的图例字段和轴字段交换位置，从而获得不同的分析效果，如图10-48所示。

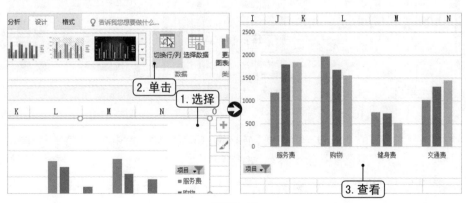

图10-48

4.趋势线展示趋势变化

在进行数据分析时，不仅要关注数据的情况，有时更要关注其发展趋势。而通常折线图更容易展示趋势变化，对于其他一些图形，为了能够不改变图表类型同时也要展示趋势变化，则可以通过趋势线实现。

下面在"二季度发生费用趋势分析"工作簿中为透视图添加趋势线，以此为例讲解相关操作。

案例精解

添加趋势线直观展示费用变化

本节素材	◎/素材/Chapter10/二季度发生费用趋势分析.xlsx
本节效果	◎/效果/Chapter10/二季度发生费用趋势分析.xlsx

步骤01 打开"二季度发生费用趋势分析"素材文件，选择数据透视图，单击右上角的"图表元素"按钮，单击"趋势线"复选框右侧的▶按钮，在弹出的列表中选择"更多选项"命令，如图10-49所示。

步骤02 在打开的"添加趋势线"对话框中选择"办公费"选项，单击"确定"按钮，如图10-50所示。

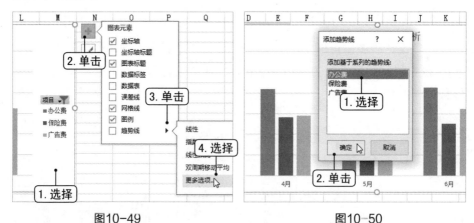

图10-49   图10-50

步骤03 在打开的"设置趋势线格式"窗格的"趋势线选项"栏中选中"多项式"单选按钮，在"顺序"数值框中输入"3"，如图10-51所示。

步骤04 在"填充与线条"选项卡中选中"实线"单选按钮，设置"颜色"为"蓝色"，单击"短划线类型"下拉按钮，选择"短划线"选项即可，如图10-52所示。

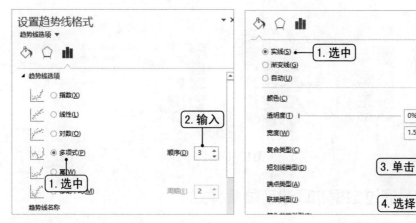

图10-51 　　　　　　　　　　　　　　　　　图10-52

步骤05 用同样的方法在"添加趋势线"对话框中选择"保险费"选项，单击"确定"按钮，在"设置趋势线格式"窗格中设置同样的格式，不同的是，设置保险费为红色线，如图10-53所示。

步骤06 同样的，在"添加趋势线"对话框中选择"广告费"选项，单击"确定"按钮，在"设置趋势线格式"窗格中设置同样的格式，不同的是，设置广告费为绿色线，如图10-54所示。

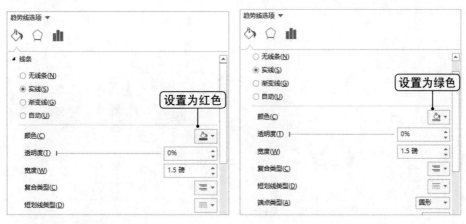

图10-53 　　　　　　　　　　　　　　　　　图10-54

步骤07 3条趋势线设置完成后，返回数据透视图，即可查看到二季度各月各项开支的变化情况，如图10-55所示。

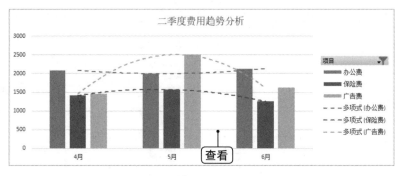

图10-55

10.3.3　通过数据布局改变图表样式

前面介绍了添加图表元素并设置格式来改变数据透视图的布局，Excel还提供了内置的布局样式，使用这些布局样式可以快速对数据透视图进行布局，省去了手动布局的时间。

使用内置图表布局样式的方法比较简单，首先选择数据透视图，在"数据透视图工具 设计"选项卡的"图表布局"组中单击"快速布局"下拉按钮，在弹出的下拉列表中选择满意的布局样式即可，这里选择"布局5"选项，如图10-56所示。

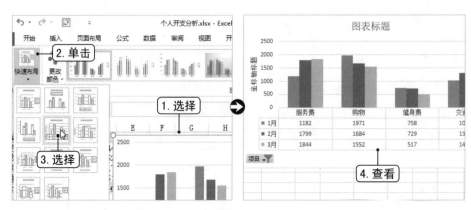

图10-56

10.3.4　美化数据透视图字体

在数据透视图中，很多区域都包含文字，例如图表标题、坐标轴标签、以及数据标签等。默认情况下数据透视图中的文字都是千篇一律的，显得整个数据透视图毫无亮点。完成数据分析后可以设置合适的字体，进行数据透视图美化。

美化数据透视图中的字体的操作十分简单，只需要选择数据透视图中需要设置字体格式的文本，在"开始"选项卡"字体"组中进行设置即可，如图10-57所示。

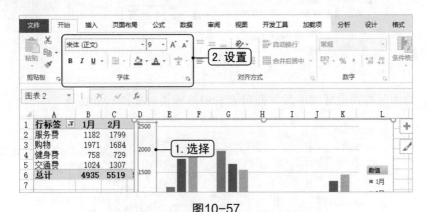

图10-57

如果需要设置整个数据透视图的字体，则只需要选择数据透视图，然后在"开始"选项卡中设置即可。需要注意，设置字体格式并不会改变字段按钮上的字体的格式。

10.3.5　设置图表区和绘图区的底色

数据透视图中占据面积最大的两个区域分别是图表区和绘图区，两者分别是图表和数据系列的保存区域。这两个区域可以单独设置填充颜色，起到突出图表主题、美化图表的效果。

图表区和绘图区的样式设置方式基本相同，首先需要选择对应的区域，然后在"数据透视图工具 格式"选项卡中进行设置即可。这里选择绘图区，单击"数据透视图工具 格式"选项卡"形状样式"组中的"形状填充"按钮右侧的下拉按钮，选择填充色为"橙色，个性色6，淡色80%"。再次弹出该下拉菜单，选择"渐变"命令，在其子菜单中选择"从右下角"命令，如图10-58所示。

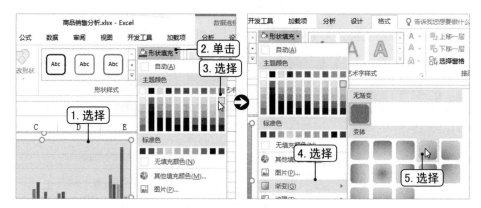

图10-58

绘图区格式设置完成后，即可查看最终效果，如图10-59所示。

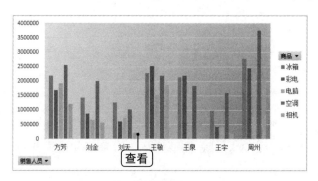

图10-59

10.3.6 应用图表样式美化图表

用户可以像设置图表样式一样，手动设置数据透视图的样式，此外，还可以应用Excel提供的内置数据透视图样式。只需要选择数据透视图，然后在"数据透视图工具 设计"选项卡"图表样式"组中选择合适的样式即可。内置数据透视表样式如图10-60所示。

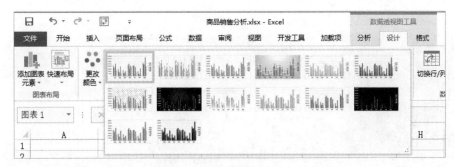

图10-60

10.4　图表应用，数据透视图技能提升

数据透视图的用法多种多样，用户可以通过数据透视图完成许多特殊的操作，从而更有利于数据分析。

10.4.1　图表模板的保存与使用

如果在数据分析完成后创建的数据透视图在以后的分析工作中还会使用，那么就可以将图表保存为模板，在需要使用时，可以直接根据该模板创建即可。

1.将图表保存为模板

将图表保存为模板的操作比较简单，首选需要选择要保存成模板的图表，然后在图表区上右击，在弹出的快捷菜单中选择"另存为模板"命令，在打开的"保存图表模板"对话框中输入模板名称，单击"保存"按钮即可，如图10-61所示。

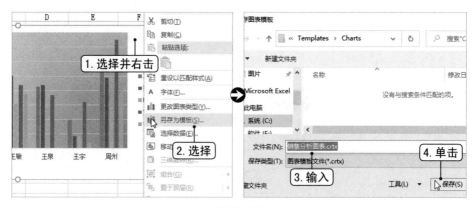

图10-61

完成后即可在"数据透视图工具 设计"选项卡"类型"组中单击"更改图表类型"按钮，在打开的"更改图表类型"对话框中单击"模板"选项卡，即可查看到保存在本地的图表模板，如图10-62所示。

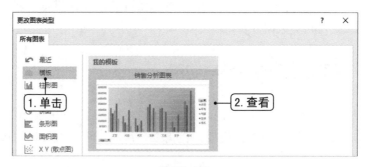

图10-62

🎯 知识延伸｜模板文件保存位置

在Excel中保存的模板文件，默认情况下保存在"C:\Users\Administrator\AppData\Roaming\Microsoft\Templates\Charts"路径下（不同电脑可能有所差别，具体以保存时显示的路径为准），且只有保存在此路径下的图表模板才能在图10-62所示的"模板"选项卡中查看到。

2.使用模板创建数据透视图

模板保存完成后，用户在以后需要进行该类分析时，就可以直接套用保存的模板创建数据透视图，从而避免了重新进行数据透视图样式设置，或进行简单调整即可。

　　下面以在"上半年开支分析"工作簿中使用保存的图表模板分析上半年各项开支情况为例，讲解相关操作。需要注意，读者在实际操作，由于本地并没有本案例需要使用的模板文件，因此需要先将素材文件中的"开支分析图表.crtx"模板文件复制到模板保存路径下，然后再进行操作。

案例精解

根据模板快速创建数据透视图分析上半年各项开支情况

本节素材	◉/素材/Chapter10/上半年开支分析
本节效果	◉/效果/Chapter10/上半年开支分析

步骤01 打开"上半年开支分析"文件夹中的"上半年开支分析"素材文件，选择数据透视表中的任意数据单元格，在"插入"选项卡"图表"组中单击"数据透视图"按钮，如图10-63所示。

步骤02 在打开的"插入图表"对话框中单击"模板"选项卡，选择"开支分析图表"模板，如图10-64所示。

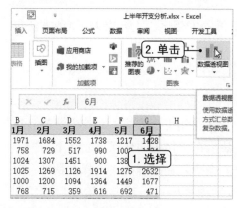

图10-63

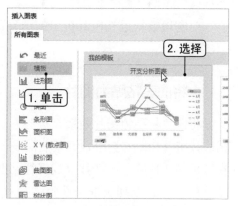

图10-64

步骤03 单击"确定"按钮，返回到工作表中即可查看到套用模板创建出的数据透视图表，如图10-65所示。

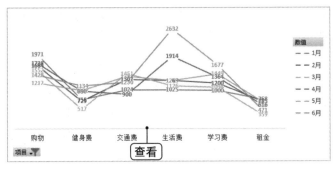

图10-65

在以上案例中除了事先将模板文件复制到模板保存文件夹中，还可以在"插入图表"对话框中单击"模板"选项卡后，单击底部的"管理模板"按钮，在打开的对话框中将模板文件粘贴进去同样可以。

10.4.2 保留数据透视图的结果

数据透视图在进行数据分析时的方便，有时候也会变成一种负担。例如在数据分析结束后，将数据透视图作为最终结果进行保存，则不希望其发生变化，避免他人篡改分析结果。

要实现数据透视图分析出的结果不再发生变化，主要有以下3种方法可以实现。

1.将图表粘贴为图片

将图表粘贴为图片是最直接的方法，其操作也十分简单。首先选择目标图表，按【Ctrl+C】组合键复制图表，然后在工作表的任意单元格上右击，在弹出的快捷菜单中选择"选择性粘贴"命令，在打开的"选择性粘贴"对话框的"方式"列表框中选择需要保存的图片格式，单击"确定"按钮即可，如图10-66所示。

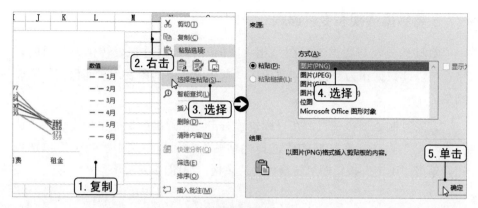

图10-66

通过这种方法，数据透视图就被转换为图片，也就无法再进行编辑，而且可以单独保存到其他位置或文件中。

2.删除数据透视表

因为数据透视图是在数据透视表的基础上创建的，并且二者的关联性极强，很容易通过改变数据透视表数据对数据透视图进行改变。然而，将数据透视表删除后，数据透视图就会变成普通的图表，如图10-67所示为删除数据透视表前后的效果对比。

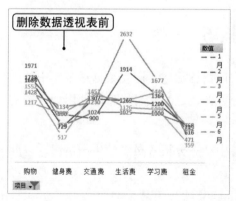
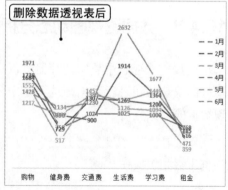

图10-67

这种方法虽然删除了数据透视表，但是通过改变数据源，还是可以改变图表数据，但是不再具有数据透视图的特有功能。

3.将数据透视表变普通表

数据透视表与数据透视图是相关联的，将数据透视表转化为普通的表格，再以此数据作为数据源创建图表，则变成普通的图表，从而保留了图表结果。

首先复制数据透视表，在目标位置右击，在弹出的快捷菜单中选择"选择性粘贴"命令，在打开的"选择性粘贴"对话框中选中"数值"单选按钮，单击"确定"按钮即可转换为普通表格，如图10-68所示。

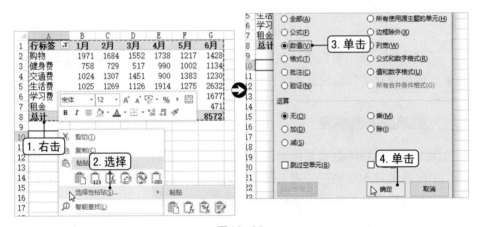

图10-68

10.4.3 数据透视图动态分析技巧

在数据透视表中使用切片器可以实现数据筛选，而在数据透视图中使用现有的筛选按钮进行数据筛选不是十分方便，这时候可以考虑使用切片器实现数据的动态分析。

下面在"二季度生产情况"工作簿中动态分析各员工的生产情况，以此为例讲解相关操作。

案例精解

使用切片器动态分析生产数据

本节素材	◎/素材/Chapter10/二季度生产情况.xlsx
本节效果	◎/效果/Chapter10/二季度生产情况.xlsx

步骤01 打开"二季度生产情况"素材文件,选择数据透视图,在"数据透视图工具分析"选项卡"筛选"组中单击"插入切片器"按钮,如图10-69所示。

步骤02 在打开的"插入切片器"对话框中选中"姓名"和"产品"复选框,单击"确定"按钮,如图10-70所示。

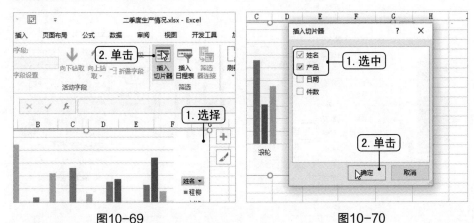

图10-69   图10-70

步骤03 按住【Ctrl】键,选择数据透视图和两个切片器,右击并在弹出的快捷菜单中选择"组合/组合"命令,如图10-71所示。

步骤04 单击"姓名"切片器中的"程柳"筛选按钮,单击"产品"切片器中的"清除筛选"按钮,即可在数据透视图中查看程柳生产各种产品的数据,如图10-72所示。

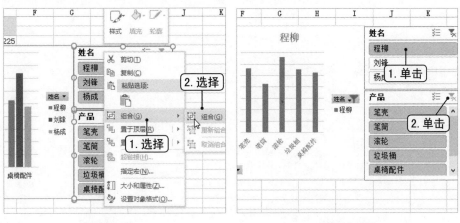

图10-71   图10-72

步骤05 单击"姓名"切片器中的"清除筛选"按钮，单击"产品"切片器中的"垃圾桶"按钮，即可在数据透视图中查看所有员工生产垃圾桶的情况，如图10-73所示。

步骤06 单击"产品"切片器中的"清除筛选"按钮，单击"姓名"切片器中的"刘锋"和"杨成"按钮，即可在数据透视图中查看这两人的生产情况，如图10-74所示。

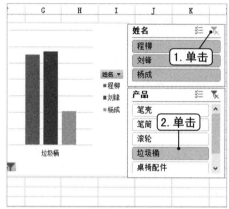

图10-73

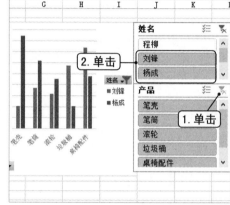

图10-74

第 11 章

运用Power Pivot进行
可视化数据分析

本章导读

在进行数据分析的过程中，如果要分析的数据结构过于复杂，或是数据表之间存在一定的关系，弄清各表之间的关系是一项重要与烦琐的工作。这时可以考虑使用Power Pivot分析数据，提升效率。

知识要点

- 夯实基础，了解Power Pivot
- 做好数据准备，Power Pivot使用更流畅
- 高效运用，Power Pivot数据分析要点
- 字段高效计算，Power Pivot提升进阶

11.1　夯实基础，了解Power Pivot

Power Pivot本质上是一个数据管理和报告系统，它能够帮助用户集成不同数据源的数据，导入更多的数据进行分析，还可以创建可移植、可重用的数据。

11.1.1　什么是Power Pivot

Power Pivot 指的是一组应用程序和服务，它们为使用Excel和SharePoint来创建和共享商业智能提供了端到端的解决方案。Power Pivot通过使用其内存中的引擎和高效的压缩算法，能以极高的性能处理大型数据集。

Power Pivot的主要功能包括以下4点，如表11-1所示。

表11-1

功能	具体介绍
整合多数据源	Power Pivot可以从几乎任意地方导入任意数据源中的数据，包括Web服务、文本文件、关系数据库等数据源
处理海量数据	Power Pivot可以轻松组织、连接和操作大型数据集中的表，处理大型数据集（通常几百万行）时所体现出的性能就像处理几百行数据一样
操作界面简洁	通过使用固有的Excel功能（例如数据透视表、数据透视图、切片器等），以交互方式浏览、分析和创建报表，就可以使用Power Pivot
实现信息共享	Power Pivot for SharePoint可以共享整个团队的工作簿或将其发布到网络上

11.1.2 如何启用Power Pivot

Excel默认情况下是没有启用Power Pivot的，用户在数据分析工作中如果需要使用该功能，则需要手动启用。

首先打开Excel工作簿，单击"文件"选项卡，在打开的界面中单击"选项"按钮，如图11-1所示。

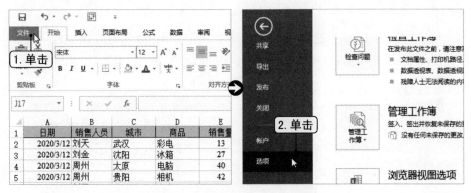

图11-1

在打开的"Excel选项"对话框中单击"加载项"选项卡，单击"管理"下拉列表框右侧的下拉按钮，选择"COM加载项"选项，单击"转到"按钮，在打开的对话框中选中"Microsoft Power Pivot for Excel"复选框，单击"确定"按钮即可，如图11-2所示。

图11-2

返回到工作表中即可查看到"Power Pivot"选项卡，单击该选项卡，即可看到其中的功能按钮，如图11-3所示。

图11-3

在"Power Pivot"选项卡"数据模型"组中单击"管理"按钮即可打开"Power Pivot for Excel"窗口，如图11-4所示。

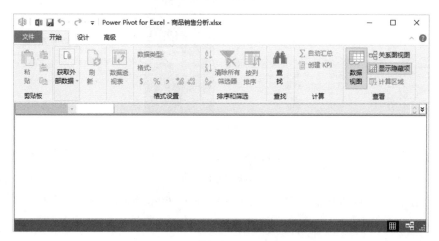

图11-4

11.2 做好数据准备，Power Pivot使用更流畅

在初次使用Power Pivot时，用户打开加载过Power Pivot的Excel文件后，"数据透视表"按钮仍然呈现不可用状态，无法创建Power Pivot数据透视图进行分析，如图11-5所示。

图11-5

要解决这种情况，则必须先创建链接表，或是将数据添加到数据模型为
Power Pivot准备数据。

11.2.1 为Power Pivot链接本工作簿内的数据

当Power Pivot需要链接的数据源在当前工作簿中时，操作较为简单。
用户需要先选择数据源表格中的任意单元格，在"Power Pivot"选项卡"表
格"组中单击"添加到数据模型"按钮，在打开的"创建表"对话框中选中
"我的表具有标题"复选框，单击"确定"按钮，如图11-6所示。

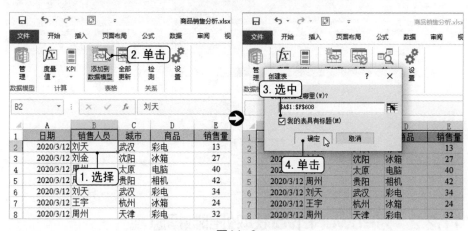

图11-6

完成数据加载后，在打开的"Power Pivot for Excel"窗口中即可查看到
数据源已经在该窗口中展示出来了，并且"开始"选项卡中的"数据透视
表"按钮已经处于可用状态，如图11-7所示。

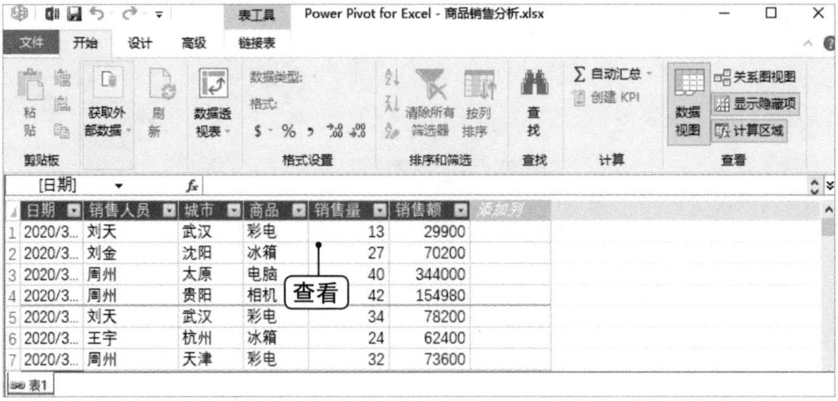

图11-7

默认情况下创建的链接表的表名都是"表1、表2……"，当创建的链接表过多，则难以分辨对应的表，因此可以对其进行重命名。其操作和普通的工作表重命名方式相同，最终效果如图11-8所示。

图11-8

11.2.2　为Power Pivot获取外部数据源

前面介绍了数据源在当前工作簿的链接方式，如果数据源不在当前工作簿，则需要链接外部的数据源。

下面新建一个空白工作簿，并为Power Pivot获取外部的链接数据，以此为例讲解相关操作。

案例精解

获取外部木材销售数据

本节素材	◉/素材/Chapter11/各类木材销售情况.xlsx
本节效果	◉/效果/Chapter11/木材销售分析.xlsx

步骤01 新建一个工作簿，将其命名为"木材销售分析"，在"Power Pivot"选项卡"数据模型"组中单击"管理"按钮，如图11-9所示。

步骤02 在打开的"Power Pivot for Excel"窗口的"开始"选项卡中单击"获取外部数据"组中的"从其他源"按钮，如图11-10所示。

图11-9

图11-10

步骤03 在打开的"表导入向导"对话框的"文本文件"栏中选择"Excel文件"选项，单击"下一步"按钮，如图11-11所示。

步骤04 在打开的对话框中直接单击"浏览"按钮，如图11-12所示。

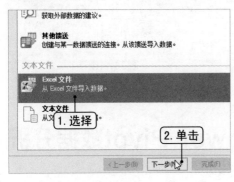

图11-11

图11-12

步骤05 在打开的"打开"对话框中选择要导入的目标文件，单击"打开"按钮，如图11-13所示。

步骤06 在返回的对话框中选中"使用第一行作为列标题"复选框，单击"下一步"按钮，如图11-14所示。

图11-13

图11-14

步骤07 在打开的对话框中直接单击"完成"按钮即可，如图11-15所示。

步骤08 最后单击"关闭"按钮，返回到"Power Pivot for Excel"窗口即可查看到配置好的数据，如图11-16所示。

图11-15

图11-16

11.3 高效运用，Power Pivot数据分析要点

通过前面知识的介绍，数据分析工作者已经能够掌握创建数据链接的方

法，为数据分析工作做好了准备。本节中将具体介绍通过配置好的数据创建数据透视表和数据透视图分析数据。

11.3.1　利用Power Pivot创建数据透视表

利用Power Pivot进行数据分析，首先就需要创建数据透视表，其方法比较简单，只需要在"Power Pivot for Excel"窗口中通过选项卡按钮即可轻松实现。

下面在"木材销售分析1"工作簿中根据已经创建的数据链接表格数据创建数据透视表进行数据分析，以此为例讲解相关操作。

案例精解

根据链接表数据创建数据透视表

本节素材	◎/素材/Chapter11/木材销售分析1.xlsx
本节效果	◎/效果/Chapter11/木材销售分析1.xlsx

步骤01 打开"木材销售分析1"素材文件，在"Power Pivot"选项卡"数据模型"组中单击"管理"按钮，如图11-17所示。

步骤02 在打开的"Power Pivot for Excel"窗口的"开始"选项卡中单击"数据透视表"下拉按钮，选择"扁平的数据透视表"命令，如图11-18所示。

图11-17

图11-18

步骤03 在打开的"创建扁平数据透视表"对话框中选中"新工作表"单选按钮，单击"确定"按钮，如图11-19所示。

步骤04 在新创建的工作表的"数据透视表字段"窗格中进行数据透视表布局，如图11-20所示。

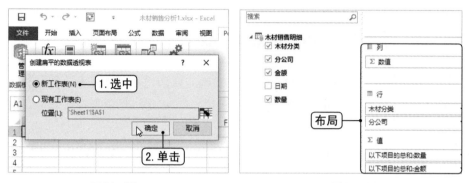

图11-19　　　　　　　　　　　　　　　　图11-20

步骤05 完成后即可在数据透视表中查看各种木材的销售数据，如图11-21所示。

	木材分类 ▼	分公司 ▼	以下项目的总和:数量	以下项目的总和:金额
3				
4	A类木材	海口分公司	2000	10000
5	A类木材	宁波分公司	15200	80000
6	A类木材	徐州分公司	10200	52000
7	A类木材 汇总		27400	142000
8	B类木材	海口分公司	1600	8200
9	B类木材	徐州分公司	1600	10000
10	B类木材 汇总		3200	18200
11	C类木材	海口分公司	12000	74000
12	C类木材	宁波分公司	24600	156000
13	C类木材	徐州分公司	8400	60000
14	C类木材 汇总		45000	290000
15	D类木材	海口分公司	3400	22000
16	D类木材	宁波分公司	3000	20000

图11-21

11.3.2　利用Power Pivot创建多个数据透视图

利用Power Pivot不仅可以创建数据透视表，还可以创建数据透视图，其方法与数据透视表的创建方法相似。

下面在"各类木材销售情况1"工作簿中根据已经添加的数据模型创建4个数据透视图分析不同公司的木材销售具体情况，以此为例讲解相关操作。

案例精解

创建4个数据透视图分析各分公司的销售情况

本节素材	◎/素材/Chapter11/各类木材销售情况1.xlsx
本节效果	◎/效果/Chapter11/各类木材销售情况1.xlsx

步骤01 打开"各类木材销售情况1"素材文件，在"Power Pivot"选项卡"数据模型"组中单击"管理"按钮，如图11-22所示。

步骤02 在打开的"Power Pivot for Excel"窗口的"开始"选项卡中单击"数据透视表"下拉按钮，选择"四个图"命令，如图11-23所示。

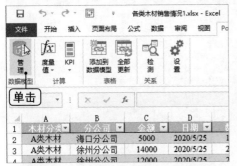

图11-22

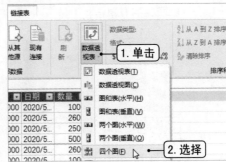

图11-23

步骤03 在打开的"创建四个数据透视图"对话框中选中"新工作表"单选按钮，单击"确定"按钮，如图11-24所示。

步骤04 在新创建的工作表的"数据透视图字段"窗格中对4个数据透视图进行同样的布局，如图11-25所示。

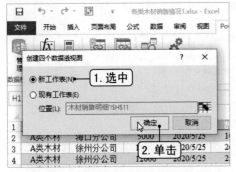

图11-24

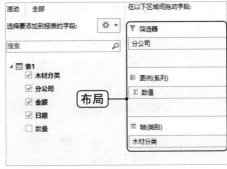

图11-25

步骤05 单击第一个图表左上角的"分公司"筛选按钮，在筛选器中选择"海口分公司"选项，单击"确定"按钮，如图11-26所示。用同样的方法，将其他3个透视图表分别设置为另外3个分公司。

步骤06 选择第一个图表，单击"数据透视图工具 设计"选项卡"图表布局"组中的"添加图表元素"下拉按钮，选择"图表标题/图表上方"命令，在标题文本框中输入"海口分公司产品销售状况"文本，如图11-27所示。用同样的方法分别设置其他3个图表的标题。

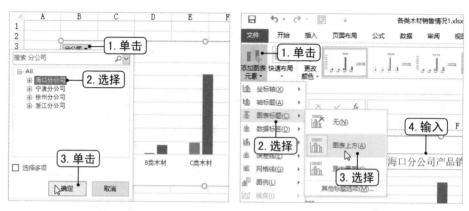

图11-26   图11-27

步骤07 设置图表标题的字体格式为"微软雅黑，14号，加粗"，再调整图表的大小和位置，即可查看最终效果，如图11-28所示。

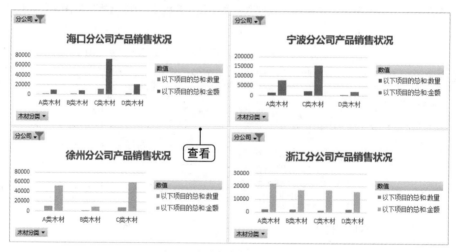

图11-28

11.3.3　创建多表关联的Power Pivot数据透视表

前面介绍的都是针对单一的数据表创建数据透视表或数据透视图，Power Pivot还可以通过创建关系的方法将多张数据表进行关联，然后再根据关联数据表创建数据透视表。

下面在"员工信息和工资汇总"工作簿中利用Power Pivot关联两张表格创建数据透视表，以此为例讲解相关操作。

案例精解

通过Power Pivot关联员工信息和工资汇总数据创建透视表

本节素材	◎/素材/Chapter11/员工信息和工资汇总.xlsx
本节效果	◎/效果/Chapter11/员工信息和工资汇总.xlsx

步骤01 打开"员工信息和工资汇总"素材文件，在"员工信息"工作表中选择任意数据单元格，单击"Power Pivot"选项卡"表格"组中的"添加到数据模型"按钮，将创建的链接表重命名为"员工信息"，如图11-29所示。

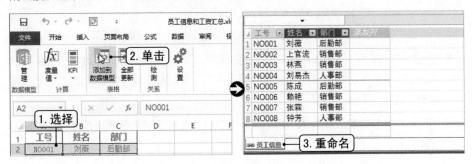

图11-29

步骤02 切换到"工资汇总"工作表中选择任意数据单元格，单击"Power Pivot"选项卡"表格"组中的"添加到数据模型"按钮，将创建的链接表重命名为"工资汇总"，如图11-30所示。

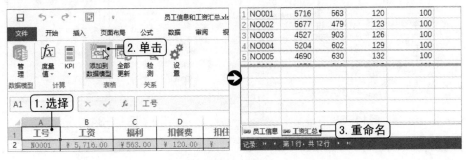

图11-30

步骤03 在"Power Pivot for Excel"窗口中激活"员工信息"链接表，在"设计"选项卡"关系"组中单击"创建关系"按钮，如图11-31所示。

步骤04 在打开的"创建关系"对话框中的"表1"下拉列表框中选择"工资汇总"选项，在"表2"下拉列表框中选择"员工信息"选项，在两侧的列表框中都选择"工号"选项，单击"确定"按钮，如图11-32所示。

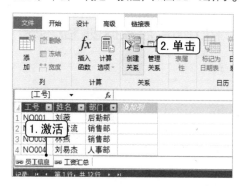

图11-31

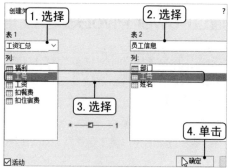

图11-32

步骤05 在"开始"选项卡中单击"数据透视表"下拉按钮，选择"数据透视表"命令，如图11-33所示，在打开的"创建数据透视表"对话框中选中"新工作表"单选按钮，单击"确定"按钮。

步骤06 在新创建的工作表的"数据透视表字段"窗格中对数据透视表进行布局，如图11-34所示。

图11-33

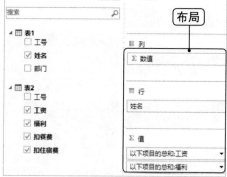

图11-34

步骤07 完成后即可在数据透视表中查看汇总的各员工的工资数据，如图11-35所示。

行标签	以下项目的总和:工资	以下项目的总和:福利	以下项目的总和:扣餐费	以下项目的总和:扣住宿费
陈璨	3629	572	147	100
陈成	4690	630	132	100
赖艳	4259	212	135	100
林燕	4527	903	126	100
刘薇	5716	563	120	100
刘易杰	5204	602	129	100
上官流	5677	479	123	100
谭娜	6065	176	153	100
文梦	3363	813	144	100
吴涛	4263	104	150	100
张霖	7782	652	138	100
钟芳	4951	713	141	100
总计	60126	6419	1638	1200

查看

图11-35

11.4 字段高效计算，Power Pivot提升进阶

利用Power Pivot链接数据创建的数据透视表，是不能在其中插入计算项或计算字段进行计算的，如图11-36所示。如果需要进行计算操作，则需要在"Power Pivot for Excel"窗口中添加计算列。

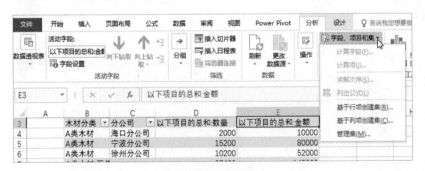

图11-36

11.4.1 计算列对同行数据进行分析更方便

通常数据透视表是不能直接进行计算的，只能够通过计算字段进行计算。然而使用Power Pivot的数据创建的数据透视表却不能使用计算项和计算字段，那么应当如何解决呢？

　　使用Power Pivot创建的数据透视表如果需要添加基于同行数据的计算，则需要在"Power Pivot for Excel"窗口中的数据源中添加计算列。

　　下面在"员工信息和工资汇总1"工作簿中添加计算列计算员工的实发工资，以此为例讲解相关操作。

案例精解

添加计算列计算员工实发工资

本节素材	⊙/素材/Chapter11/员工信息和工资汇总1.xlsx
本节效果	⊙/效果/Chapter11/员工信息和工资汇总1.xlsx

步骤01 打开"员工信息和工资汇总1"素材文件，在"Power Pivot"选项卡"数据模型"组中单击"管理"按钮，如图11-37所示。

步骤02 在打开的"Power Pivot for Excel"窗口切换到"工资汇总"链接表，在"设计"选项卡中单击"添加"按钮，如图11-38所示。

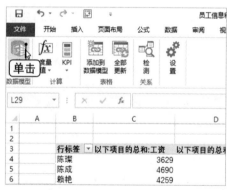

图11-37

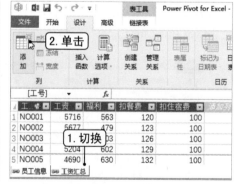

图11-38

步骤03 在编辑栏中输入"="符号，选择"工资"列中的任意单元格；输入"+"符号，选择"福利"列中的任意单元格；输入"-"符号，选择"扣餐费"列中的任意单元格；输入"-"符号，选择"扣住宿费"列中的任意单元格，如图11-39所示。

步骤04 按【Enter】键，双击新添加的列标题，将计算列的列标题设置为"实发工资"，如图11-40所示。

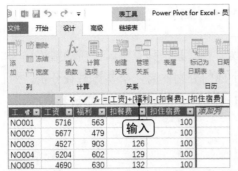

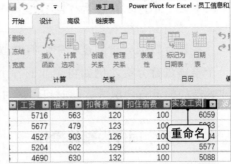

图11-39 图11-40

步骤05 在返回的数据透视表中选择任意数据单元格，右击并在弹出的快捷菜单中选择"刷新"命令，如图11-41所示。

步骤06 在"数据透视表字段"窗格中将新出现的"实发工资"字段添加到"值"区域布局数据透视表，如图11-42所示。

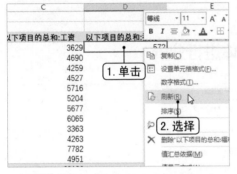

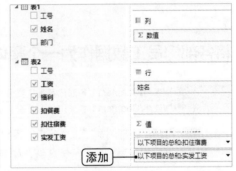

图11-41 图11-42

步骤07 使用查找替换功能，将"以下项目的总和："替换为空格，完成后即可在数据透视表中查看已添加的"实发工资"字段，如图11-43所示。

行标签	工资	福利	扣餐费	扣住宿费	实发工资
陈琛	3629	572	147	100	3954
陈成	4690	630	132	100	5088
赖艳	4259	212	135	100	4236
林燕	4527	903	126	100	5204
刘薇	5716	563	120	100	6059
刘易杰	5204	602	129	100	5577
上官流	5677	479	123	100	5933
谭娜	6065	176	153	100	5988
文梦	3363	813	144	100	3932
吴涛	4263	104	150	100	4117
张霖	7782	652	138	100	8196
钟芳	4951	713	141	100	5423
总计	60126	6419	1638	1200	63707

图11-43

11.4.2 将多个字段作为整体进行操作

在进行数据分析的过程中，有时候需要将某些具有相同性质的数据作为一个整体进行分析，例如将企业的各个部门分别作为一个整体进行分析，对比各部门的工资情况等。此时可以通过集来实现同时操作多个字段和项。

1.将多个项作为整体操作

使用Power Pivot创建的数据透视表，可以通过创建集来管理和使用数据源中的数据。如果是基于行项创建集，那么就可以选择同一个字段中的多个项来创建一个集，这样的集可以在数据透视表的行和列区域使用。

下面在"各部门员工工资分析"工作簿将各部门员工数据作为一个整体进行分析，以此为例讲解相关操作。

案例精解

将各部门员工数据作为一个整体进行分析

本节素材	◎/素材/Chapter11/各部门员工工资分析.xlsx
本节效果	◎/效果/Chapter11/各部门员工工资分析.xlsx

步骤01 打开"各部门员工工资分析"素材文件，在"数据透视表字段"窗格中将"部门"和"姓名"字段添加到"行"区域，如图11-44所示。

步骤02 在"数据透视表工具 分析"选项卡"计算"组中单击"字段、项目和集"下拉按钮，选择"基于行项创建集"命令，如图11-45所示。

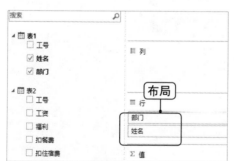

图11-44

图11-45

步骤03 在打开的"新建集合"对话框的"集合名称"文本框中输入"后勤部"文本,在"显示文件夹"文本框中输入"部门集"文本,如图11-46所示。

步骤04 选择除"后勤部"外的其他部门,连续单击"删除行"按钮,将其全部删除,如图11-47所示,单击"确定"按钮。

图11-46

图11-47

步骤05 在数据透视表中的B4单元格上单击鼠标右键,选择"删除'后勤部'"命令,如图11-48所示。

步骤06 在"数据透视表字段"窗格中选中"姓名"和"部门"字段复选框,如图11-49所示。

图11-48   图11-49

步骤07 单击"行标签"单元格右侧的下拉按钮,取消选中"(全部)"复选框,选中"人事部"复选框,单击"确定"按钮,如图11-50所示。

步骤08 在"数据透视表工具 分析"选项卡"计算"组中单击"字段、项目和集"下拉按钮,选择"基于行项创建集"命令,如图11-51所示。

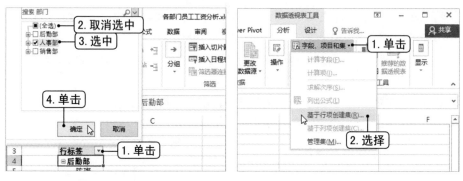

图11-50　　　　　　　　　　　　　　　　　　图11-51

步骤09 在打开的对话框的"集合名称"文本框中输入"人事部"文本，在"显示文件夹"文本框中输入"部门集"文本，选择列表框中的"全部"选项，单击"删除行"按钮，如图11-52所示，单击"确定"按钮。

步骤10 用相同的方法创建"销售部"集，完成后即可在数据透视表中使用这些集合，并在"数据透视表字段"中可查看，如图11-53所示。

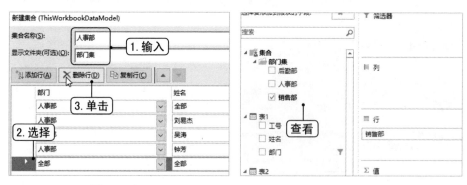

图11-52　　　　　　　　　　　　　　　　　　图11-53

2.将多个指标一起分析

在进行数据分析的过程中，很多时候需要将多个关联的指标同时进行分析，从而得出想要的分析结果。

在使用多维数据集为数据源的数据透视表中，则可以将多个分析指标创建为一个集，从而实现分析要求。

下面在"员工平均工资分析"工作簿的数据透视表中将工资和福利的平均值创建为集，以此为例讲解相关操作。

案例精解

将员工工资和福利的平均值创建为集

本节素材	⊙/素材/Chapter11/员工平均工资分析.xlsx
本节效果	⊙/效果/Chapter11/员工平均工资分析.xlsx

步骤01 打开"员工平均工资分析"素材文件，在"数据透视表字段"窗格中选中"工资"和"福利"字段的复选框，如图11-54所示。

步骤02 在"值"区域任意一个字段上单击，在弹出的下拉菜单中选择"值字段设置"命令，如图11-55所示。

图11-54　　　　　　　　　　　　　　图11-55

步骤03 在打开的"值字段设置"对话框中单击"值汇总方式"选项卡，在"计算类型"列表框中选择"平均值"选项，单击"确定"按钮，如图11-56所示。

步骤04 用同样的方法将"值"区域另一个字段的汇总方式设置为"平均值"，如图11-57所示。

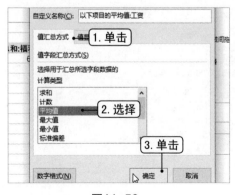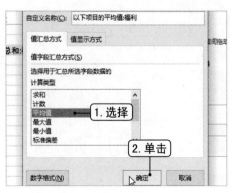

图11-56　　　　　　　　　　　　　　图11-57

🔊 **步骤05** 单击"数据透视表工具 分析"选项卡"字段、项目和集"下拉按钮，选择"基于列项创建集"命令，如图11-58所示。

🔊 **步骤06** 在打开的"新建集合"对话框的"集合名称"文本框中输入"平均值"文本，单击"确定"按钮，如图11-59所示。

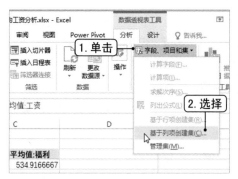

图11-58

图11-59

🔊 **步骤07** 完成后在"数据透视表字段"窗格中进行简单布局，即可查看最终效果，如图11-60所示。

行标签	以下项目的平均值:工资	以下项目的平均值:福利
⊟后勤部	4349.5	644.5
陈璨	3629	572
陈成	4690	630
刘薇	5716	563
文梦	3363	813
⊟人事部	4806	473
刘易杰	5204	602
吴涛	4263	104
钟芳	4951	713
⊟销售部	5662	484.4
赖艳	4259	212
林燕	4527	903
上官流	5677	479
谭娜	6065	176
张霖	7782	652
总计	5010.5	534.9166667

图11-60

第(12)章

数据分析报表制作实战

本章导读

通过前面章节的学习，我们已经掌握了Excel数据透视表的所有常用操作。在本章，将通过3个具体实例，讲解如何利用数据透视表作为数据分析工具，生成最终的分析报表。

知识要点

- 年度考勤数据统计
- 人力资源结构分析
- 商品销售综合分析

12.1　年度考勤数据统计

　　考勤工作不是只记录员工是否来公司上班了，其更重要的意义是通过考勤约束员工的上下班时间以及出勤状况，是确保各项工作有序开展。如果某个员工经常迟到，或者经常请事假，不仅会影响工资，也会对整体的工作安排、项目进展有较大影响。可以说考勤管理也是公司的一项重要工作。

　　在年终时，通常都会制作一张考勤数据统计报表，从而直观地查看各员工当年的出勤情况。管理者可以针对各员工的出勤情况进行分析，并制定对应的改进策略。

　　如图12-1所示为某工作人员整理的公司销售部当年所有员工的考勤明细数据。

序号	姓名	日期	类别	天/次数	
1	赵晓丽	2020/1/4	年假	1	
2	何阳	2020/1/24	婚假	1	
3	何阳	2020/1/25	婚假	1	
4	何阳	2020/1/28	婚假	1	
5	赵晓丽	2020/1/25	迟到	1	
6	赵晓丽	2020/2/2	事假	0.5	
7	何阳	2020/2/4	年假	0.5	
8	董天磊	2020/2/16	事假	1	
9	赵晓丽	2020/2/25	婚假	1	
10	赵晓丽	2020/2/26	婚假	1	
11	赵晓丽	2020/2/27	婚假	1	
12	赵晓丽	2020/3/1	事假	1	
13	赵晓丽	2020/3/4	事假	1	
14	赵晓丽	2020/3/5	事假	1	
15	赵晓丽	2020/3/11	迟到	1	
16	罗小龙	2020/3/11	丧假	0.5	
17	罗小龙	2020/3/12	丧假	1	
18	王小明	2020/3/21	迟到	1	
19	何阳	2020/4/1	年假	1	
20	李香香	2020/4/13	年假	1	
21	王小明	2020/4/15	迟到	1	
22	何阳	2020/4/15	年假	0.5	
23	何阳	2020/4/28	年假	0.5	
24	王小明	2020/4/28	迟到	1	

考勤明细表　　汇总 ...

图12-1

　　现在要求将所有员工的考勤数据填写到如图12-2所示的考勤汇总报表中，方便管理者在部门总结会上使用。

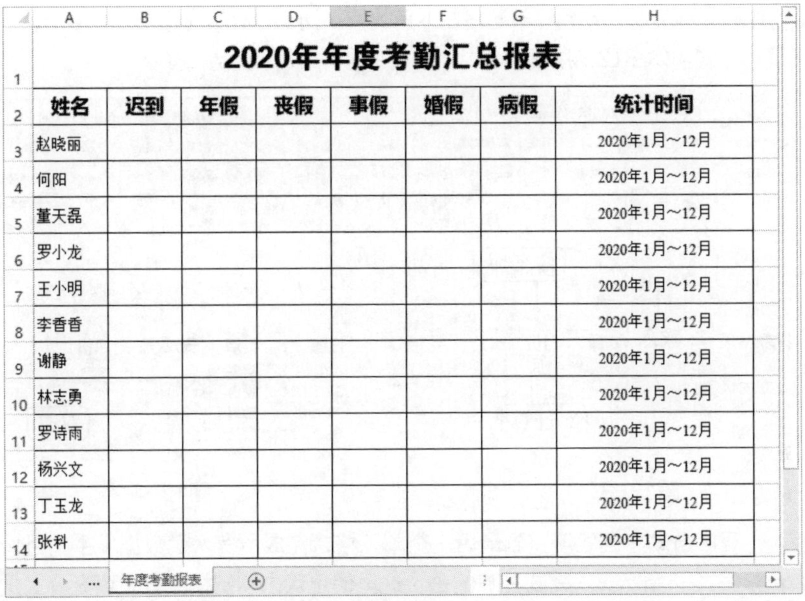

2020年年度考勤汇总报表

姓名	迟到	年假	丧假	事假	婚假	病假	统计时间
赵晓丽							2020年1月～12月
何阳							2020年1月～12月
董天磊							2020年1月～12月
罗小龙							2020年1月～12月
王小明							2020年1月～12月
李香香							2020年1月～12月
谢静							2020年1月～12月
林志勇							2020年1月～12月
罗诗雨							2020年1月～12月
杨兴文							2020年1月～12月
丁玉龙							2020年1月～12月
张科							2020年1月～12月

图12-2

通过分析可知，要达到本例制作报表目的，直接使用数据透视表将各员工的年度考勤数据进行汇总统计，然后填入到汇总报表中即可。

下面具体介绍相关的操作。

本节素材	/素材/Chapter12/年度考勤统计分析.xlsx
本节效果	/效果/Chapter12/年度考勤统计分析.xlsx

12.1.1 整理部门年度考勤数据

在本例中，为了部门管理者在使用报表时能查看员工各月的出勤情况，便于分析员工出勤高低的原因。因此本例还需要对数据源进行整理，在其中添加月份列，可以直接从日期数据列中读取对应的月份即可，其具体的操作如下。

步骤01 打开素材文件，在“考勤明细表”工作表中的F1单元格中输入指定格式的“月份”数据，选择F2单元格，在编辑栏中输入“=MONTH(C2)&"月"”计算公式，按【Ctrl+Enter】组合键完成公式的输入，计算出第一条考勤数据对应的月份，如图12-3所示。

🔧 **步骤02** 将鼠标光标移动到F2单元格右下角的控制柄上，鼠标光标变为十字形，双击鼠标左键填充公式，如图12-4所示。

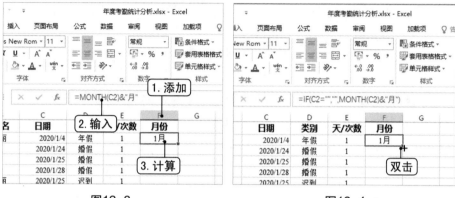

图12-3   图12-4

🔧 **步骤03** 程序自动将公式填充到最后一个单元格，完成所有考勤数据发生的月份数据的提取，如图12-5所示。（需要注意的是，这里使用双击控制柄的方式填充公式是最简便、快捷的，因为表格记录有122条，如果拖动控制柄填充，或者选择单元格区域填充公式，都比较麻烦）。

图12-5

在本例的"=MONTH(C2)&"月""计算公式中，C2单元格用于指代考勤数据发生的日期，利用MONTH()函数从该日期中提取出月份数据，这里的C2单元格的日期为"2020/1/4"，因此MONTH()函数返回数值1。

为了让返回结果更清晰，这里使用"&"连接符将提取的月份数字数据与文本"月"进行连接。

知识延伸 | 处理当未输入考勤日期时月份错误的情况

如果在平时利用该表格手动记录每日考勤数据时，可以事先将计算月份的公式填充到月份列，当新增一条考勤记录时，程序自动将对应的数据月份显示出来。但是直接使用"=MONTH(C2)&"月""这个公式有个弊端，即当未输入考勤日期时，月份数据会显示"1月"，如图12-6左所示，这主要是因为未输入日期时，此时MONTH()函数自动获取到单元格的值为0，其对应的日期就是"1900/1/0"，因此提取月份得到的就是"1月"。此时就需要添加IF()函数对日期数据未填的情况进行判断，其公式为"=IF(C2="","",MONTH(C2)&"月")"，此时填充公式后，当未填日期时，"C2="""条件判断成立，IF()函数返回空值，即月份单元格显示空，否则执行"MONTH(C2)&"月""，即单元格显示对应的月份，如图12-6右所示。

图12-6

12.1.2　创建数据透视表进行汇总

虽然分类汇总可以起到汇总的目的，但是这里考勤项目比较多，如果用分类汇总相对比较麻烦，需要先将表格按姓名和类别进行排序，再汇总，而且读取数据也比较麻烦。

因此，本例采用比较简便的数据透视表功能，快速生成年度考勤报表所需的数据，其具体操作如下。

步骤01　在"考勤明细表"工作表中选择任意数据单元格，单击"插入"选项卡，在"表格"组中单击"数据透视表"按钮，如图12-7所示。

步骤02 在打开的"创建数据透视表"对话框中选中"现有工作表"单选按钮，将文本插入点定位到"位置"参数框中，选择"汇总分析"工作表，在其中选择A3单元格，将存放数据透视表的位置设置为汇总分析表的A3单元格，单击"确定"按钮完成数据透视表的创建操作，如图12-8所示。

图12-7   图12-8

步骤03 在返回的"汇总分析"工作表中即可查看到创建的空白数据透视表，并打开"数据透视表字段"窗格，在其中的"选择要添加到报表的字段"列表框中依次选中"姓名""月份"和"天/次数"复选框，程序自动将对应的数据添加到空白的数据透视表中，如图12-9所示。

步骤04 选择"类别"字段，按住鼠标左键不放将其拖动到"列"区域，将考勤数据按类别进行统计，如图12-10所示。

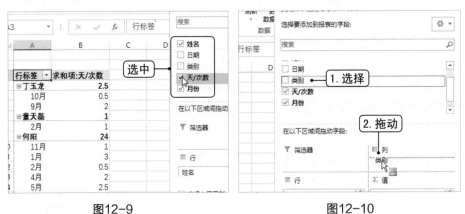

图12-9   图12-10

步骤05 在数据透视表中选择任意姓名单元格，在"数据透视表工具 分析"选项卡的

"活动字段"组中单击"折叠字段"按钮，可以将数据透视表的明细数据折叠起来，仅显示各员工各考勤类别的汇总数据，如图12-11所示。

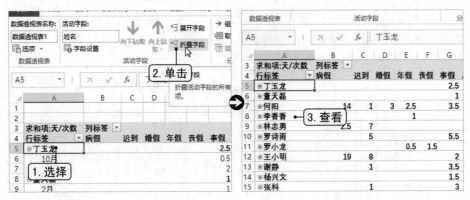

图12-11

步骤06 为了方便操作，这里需要将默认添加的总计行列取消。直接单击"数据透视表工具 设计"选项卡，在"布局"组中单击"总计"下拉按钮，在弹出的下拉列表中选择"对行和列禁用"选项即可，如图12-12所示。至此完成年度考勤汇总报表所需的汇总数据。

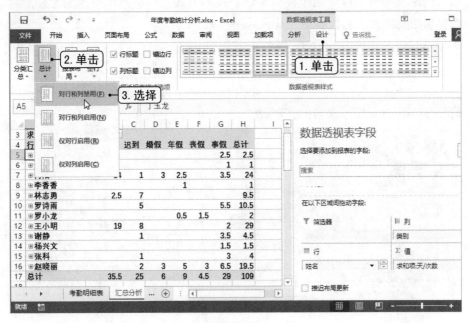

图12-12

12.1.3 根据透视分析结果制作考勤报表

准备好年度考勤汇总报表所需的数据后，发现其行列数据是按照首行和首列文本的升序顺序排列的，如图12-13所示。

求和项:天/次数	列标签					
行标签	病假	迟到	婚假	年假	丧假	事假
⊞ 丁玉龙						2.5
⊞ 董天磊						1
⊞ 何阳	14		1	3		3.5
⊞ 李香香				1		
⊞ 林志勇	2.5	7				
⊞ 罗诗雨		5				5.5
⊞ 罗小龙				0.5	1.5	
⊞ 王小明	19	8				2
⊞ 谢静		1				3.5
⊞ 杨兴文						1.5
⊞ 张科	1					3
⊞ 赵晓丽		2	3	5	3	6.5

按考勤类别的升序排列

按姓名的升序排列

图12-13

而汇总报表的项目和结构与数据透视表报表的结构不同，此时为了提高录入的速度和准确度，这里需要通过公式的方式自动将每位员工的考勤汇总数据引用到考勤汇总报表中，其具体操作如下。

🔖 步骤01 　在"汇总分析"工作表中选择A4:G16单元格区域，按【Ctrl+C】组合键执行复制操作，如图12-14左所示。切换到"年度考勤报表"工作表，选择J2单元格，右击，在弹出的快捷菜单中选择"值"命令，如图12-14右所示。程序自动将数据透视表的数据粘贴到"年度考勤报表"工作表的指定位置。

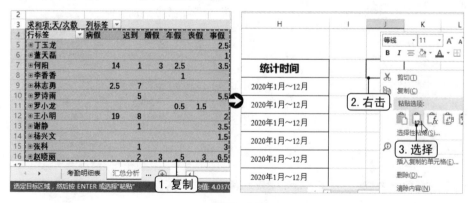

图12-14

步骤02 在"年度考勤报表"工作表中选择B3:B14单元格区域，在编辑栏中输入"=LOOKUP(A3,$J$3:$J$14,$L$3:$L$14)"计算公式，按【Ctrl+Enter】组合键完成公式的输入，程序自动将汇总的每位员工的迟到考勤数据对应填入到汇总报表的指定位置，如图12-15所示。（这里自动将王小明的考勤数据突出显示，是因为原考勤汇总报表中事先设置的格式，即使用条件格式规则将每列数据的最大值突出显示出来，方便报表使用者查阅，与执行公式引用数据无关）。

	B3		fx	=LOOKUP(A3,$J$3:$J$14,$L$3:$L$14)			
	A	B	C	D	E	F	G	H
2	姓名	迟到	年假	丧假		1. 输入	病假	统计时间
3	赵晓丽	2						2020年1月~12月
4	何阳	1						2020年1月~12月
5	董天磊	0						2020年1月~12月
6	罗小龙	0	2. 计算					2020年1月~12月
7	王小明	8						2020年1月~12月
8	李香香	0						2020年1月~12月
9	谢静	1						2020年1月~12月
10	林志勇	7						2020年1月~12月
11	罗诗雨	5						2020年1月~12月

图12-15

步骤03 选择C3:C14单元格区域，在编辑栏中输入"=LOOKUP(A3,$J$3:$J$14,$N$3:$N$14)"计算公式，按【Ctrl+Enter】组合键完成公式的输入，程序自动将汇总的每位员工的年假考勤数据对应填入到汇总报表的指定位置，如图12-16所示。

	C3		fx	=LOOKUP(A3,$J$3:$J$14,$N$3:$N$14)			
	A	B	C	D	E	F	G	H
2	姓名	迟到	年假	丧假	事假	1. 输入	病假	统计时间
3	赵晓丽	2	5					2020年1月~12月
4	何阳	1	2.5					2020年1月~12月
5	董天磊	0	0					2020年1月~12月
6	罗小龙	0	0.5	2. 计算				2020年1月~12月
7	王小明	8	0					2020年1月~12月
8	李香香	0	1					2020年1月~12月
9	谢静	1	0					2020年1月~12月
10	林志勇	7	0					2020年1月~12月
11	罗诗雨	5	0					2020年1月~12月

图12-16

步骤04 选择D3:D14单元格区域，在编辑栏中输入 "=LOOKUP(A3,$J$3:$J$14,$O$3:$O$14)" 计算公式，按【Ctrl+Enter】组合键完成公式的输入，程序自动将汇总的每位员工的丧假考勤数据对应填入到汇总报表的指定位置，如图12-17所示。

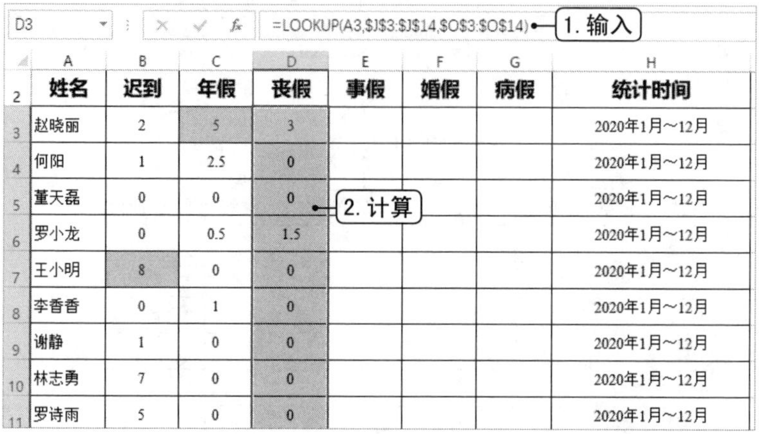

图12-17

步骤05 选择E3:E14单元格区域，在编辑栏中输入 "=LOOKUP(A3,$J$3:$J$14,$P$3:$P$14)" 计算公式，按【Ctrl+Enter】组合键完成公式的输入，程序自动将汇总的每位员工的事假考勤数据对应填入到汇总报表的指定位置，如图12-18所示。

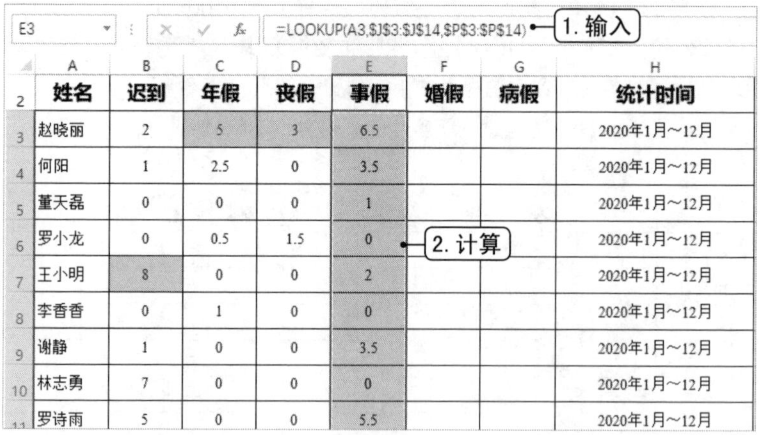

图12-18

步骤06 选择F3:F14单元格区域，在编辑栏中输入 "=LOOKUP(A3,$J$3:$J$14,$M$3:$M$14)" 计算公式，按【Ctrl+Enter】组合键完成公式的输入，程序自动将汇总的每位员工的婚假考勤数据对应填入到汇总报表的指定位置，如图12-19所示。

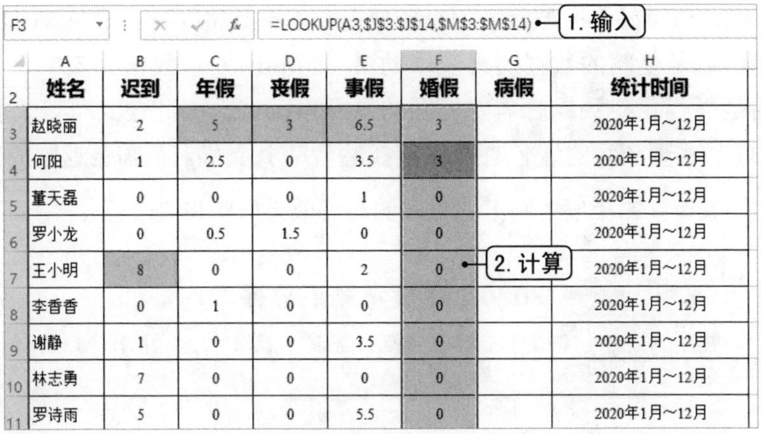

图12-19

步骤07 选择G3:G14单元格区域，在编辑栏中输入"=LOOKUP(A3,$J$3:$J$14,$K$3:$K$14)"计算公式，按【Ctrl+Enter】组合键完成公式的输入，程序自动将汇总的每位员工的病假考勤数据对应填入到汇总报表的指定位置，如图12-20所示。

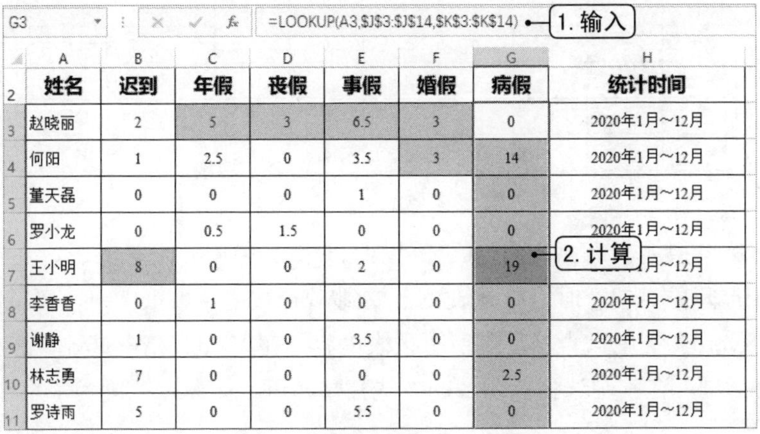

图12-20

在本例引用数据透视表的汇总结果到考勤报表中时的公式都是相似的，下面以填写迟到列的数据的公式为例进行公式说明。

在"=LOOKUP(A3,$J$3:$J$14,$L$3:$L$14)"计算公式中，LOOKUP()函数用于在指定区域查找某个数据，并返回另一个与之对应的数据。公式中，A3单元格是考勤汇总报表中的第一个员工的姓名，该单元格用于指代需要查找的数据；"$J$3:$J$14"单元格区域是复制的数据透视表中的员工姓名区域，该单元格区域代表的是需要查找的单元格区域；"$L$3:$L$14"单元格区域是复制的数据透视表中的员工迟到的汇总数据，该单元格区域代表的是当查找到数据时需要返回的单元格区域。因此公式可以简化为：=LOOKUP(需要查找的姓名,在哪里查找姓名,查找到姓名后需要返回的值)。

本例制作好的年度考勤汇总报表的最终效果如图12-21所示。

2020年年度考勤汇总报表

姓名	迟到	年假	丧假	事假	婚假	病假	统计时间
赵晓丽	2	5	3	6.5	3	0	2020年1月～12月
何阳	1	2.5	0	3.5	3	14	2020年1月～12月
董天磊	0	0	0	1	0	0	2020年1月～12月
罗小龙	0	0.5	1.5	0	0	0	2020年1月～12月
王小明	8	0	0	2	0	19	2020年1月～12月
李香香	0	1	0	0	0	0	2020年1月～12月
谢静	1	0	0	3.5	0	0	2020年1月～12月
林志勇	7	0	0	0	0	2.5	2020年1月～12月
罗诗雨	5	0	0	5.5	0	0	2020年1月～12月
杨兴文	0	0	0	1.5	0	0	2020年1月～12月
丁玉龙	0	0	0	2.5	0	0	2020年1月～12月
张科	1	0	0	3	0	0	2020年1月～12月

图12-21

这是典型的具有规范结构和效果的日常数据通报数据报表，通常是在Excel中展示的，但有时这些报表也会放到Word数据分析报告中，要将该报表插入到Word文档中，直接复制所有报表内容，在Word文档中打开"选择性粘贴"对话框，在其中选择以图片的方式粘贴即可，如图12-22所示。

图12-22

12.2 人力资源结构分析

通常，公司在制订年度人力资源规划时，都会对公司的人力资源结构进行分析，了解公司现有人力资源的构成，才能更好地规划未来的人力需求。此外，在某些项目计划的制订过程中，有可能也需要基于公司或者部门的人力结构情况展开。因此，人力资源结构分析是公司在运营过程中比较常见的数据分析工作。

在人力资源结构分析报告中，员工的性别构成、学历构成以及年龄分布都是人力资源总结报告中基本的分析内容。这些内容都可以通过员工信息表中的数据分析得来。

如图12-23所示为某公司工作人员整理的员工信息资料。

序号	编号	姓名	身份证号码	出生年月	性别	学历	年龄	民族	参加工作时间	联系方式	所属部门
1	YGBH036724	刘芝	534***19850913**7*	1985年09月13日	男	研究生	35	汉	2010年7月17日	1335349****	总务部
2	YGBH037225	邹陆云	516***19900222**9*	1990年02月22日	男	本科	30	汉	2015年11月30日	1339881****	总务部
3	YGBH037580	刘猛	501***19810211**1*	1981年02月11日	男	大专	39	汉	2006年11月20日	1302379****	总务部
4	YGBH037777	胡涛	143***19810306**3*	1981年03月06日	男	本科	39	汉	2006年6月5日	1342133****	总务部
5	YGBH037871	左磊	429***19820625**1*	1982年06月25日	男	研究生	38	汉	2007年9月7日	1324847****	总务部
6	YGBH038091	鲍小青	347***19790208**4*	1979年02月08日	女	本科	41	汉	2004年4月14日	1390405****	总务部
7	YGBH039246	黄文杰	418***19830109**5*	1983年01月09日	男	研究生	37	汉	2008年6月13日	1310268****	总务部
8	YGBH039648	许秀娟	336***19880520**6*	1988年05月20日	女	本科	32	汉	2013年7月19日	1396590****	总务部
9	YGBH039676	陈文龙	239***19841227**7*	1984年12月27日	男	大专	36	汉	2009年8月16日	1374161****	总务部
10	YGBH040216	沈天宝	344***19850113**3*	1985年01月13日	男	大专	35	汉	2010年8月2日	1331326****	总务部
11	YGBH040420	蔡丹丹	521***19900716**4*	1990年07月16日	女	大专	30	汉	2015年8月30日	1340345****	总务部
12	YGBH040777	曾斌	227***18871107**7*	1887年11月07日	男	本科	33	汉	2012年8月22日	1310295****	总务部
13	YGBH040929	陈光珊	219***19870212**4*	1987年02月12日	女	大专	33	汉	2012年1月21日	1342616****	总务部
14	YGBH041080	陈小宝	633***19900101**3*	1990年01月01日	男	研究生	30	汉	2015年6月20日	1335883****	总务部
15	YGBH035294	赖艳辉	362***19750224**3*	1975年02月24日	男	本科	45	汉	2000年8月7日	1361987****	销售部
16	YGBH035518	李珊	220***19930523**4*	1993年05月23日	女	大专	27	汉	2018年3月29日	1385896****	销售部
17	YGBH035563	叶艳芳	447***19930117**6*	1993年01月17日	女	大专	27	汉	2018年5月13日	1319090****	销售部
18	YGBH035630	罗家春	518***19751215**1*	1975年12月15日	女	本科	45	汉	2000年7月19日	1345662****	销售部
19	YGBH035674	薛丁一	124***19920906**5*	1992年09月06日	男	大专	28	汉	2017年9月1日	1392315****	销售部
20	YGBH036059	陈文文	228***19930725**8*	1993年07月25日	女	大专	27	汉	2018年9月21日	1315471****	销售部
21	YGBH036539	曾广思	121***19930125**4*	1993年01月25日	女	研究生	27	汉	2018年11月1日	1307217****	销售部
22	YGBH036789	钟希	323***19930612**7*	1993年06月12日	男	研究生	27	汉	2018年9月20日	1394248****	销售部
23	YGBH037177	王文慧	339***19780502**2*	1978年05月02日	女	本科	42	汉	2003年10月13日	1333533****	销售部
24	YGBH037338	谭嫒文	343***19790414**8*	1979年04月14日	女	本科	41	汉	2004年3月23日	1323097****	销售部
25	YGBH037379	刘旸	615***19810723**2*	1981年07月23日	女	大专	39	汉	2006年5月3日	1371374****	销售部
26	YGBH037424	陈雪梅	330***19811213**7*	1981年12月13日	女	研究生	39	汉	2006年6月17日	1388078****	销售部
27	YGBH037527	庞洋洋	122***19800921**8*	1980年09月21日	女	研究生	40	汉	2005年9月28日	1368088****	销售部
28	YGBH038408	贺娜	135***19791025**2*	1979年10月25日	女	本科	41	汉	2004年2月25日	1308864****	销售部
29	YGBH038722	杨阳	525***19850924**9*	1985年09月24日	男	本科	35	汉	2010年1月5日	1331815****	销售部
30	YGBH038883	周凡琪	631***19850705**1*	1985年07月05日	男	本科	35	汉	2010年6月15日	1349704****	销售部
31	YGBH039687	陈思思	354***19860926**8*	1986年09月26日	女	大专	34	汉	2011年8月27日	1367302****	销售部
32	YGBH039721	郭裕宽	123***19860121**2*	1986年01月21日	女	大专	34	汉	2011年9月30日	1369235****	销售部
33	YGBH039766	张小辉	136***19870107**1*	1987年01月07日	男	本科	33	汉	2012年11月14日	1385009****	销售部

数据源　汇总分析　人力结构分析结果　＋

图12-23

现在要求根据这些数据分析公司的人力资源结构。从这张表格中可以查看到，由于员工人数多，员工信息量比较大，要快速得到公司员工的性别、学历和年龄汇总数据，最好借助数据透视表工具动态生成3张汇总报表来完成，下面分别进行介绍。

本节素材	◎/素材/Chapter12/人力资源结构分析.xlsx
本节效果	◎/效果/Chapter12/人力资源结构分析.xlsx

12.2.1　分析员工性别构成

对公司员工的性别构成进行分析可以了解公司男女员工的比例情况，并且掌握不同部门员工性别的分布情况。从而判断员工性别配比是否合理。例如在制衣厂的生产线上，女性员工配比多一些相对来说更好，又如搬家公司，男员工配比大一些更好。

下面具体介绍如何通过数据透视表来分析公司男女员工构成的方法，其具体操作如下。

步骤01　打开素材文件，在"数据源"工作表中选择任意数据单元格，打开"创建数据透视表"对话框，选中"现有工作表"单选按钮，将存放数据透视表的位置设置为汇总分析表的A3单元格，单击"确定"按钮完成数据透视表的创建操作，如图12-24所示。

步骤02　将"姓名"字段拖动到"值"区域，然后选中"性别"复选框，程序自动按规则在数据透视表中将公司的男女员工人数进行了汇总，如图12-25所示。

图12-24　　　　　　　　　　　　　　图12-25

步骤03 复制"汇总分析"工作表中的数据透视表中汇总的数据（总计行数据不复制），将其以值的方式粘贴到"人力结构分析结果"工作表中的A2:B4单元格区域，如图12-26所示。

图12-26

步骤04 在A1:C4单元格区域中完成性别构成表格的制作，选择C3:C4单元格区域，在编辑栏中输入"=B3/SUM($B$3:$B$4)"计算公式，按【Ctrl+Enter】组合键完成公式的输入，程序自动完成男女人数占比数据的计算，如图12-27所示。

步骤05 保持单元格区域的选择状态，单击"开始"选项卡"数字"组中的"百分比"按钮将占比数据的显示格式设置为百分比格式，完成员工性别构成数据的统计，如图12-28所示。

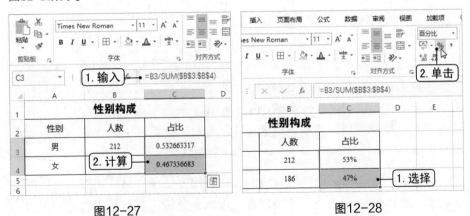

图12-27   图12-28

在本例的"=B3/SUM($B$3:$B$4)"计算公式中，"SUM($B$3:$B$4)"部分用于计算公司的总人数，即对男性员工和女性员工人数进行求和，然后分别用各自的人数除以总数即得到占比。在这里，"$B$3:$B$4"必须使用单元格的绝对引用格式，如果使用单元格的相对引用格式，即输入"=B3/SUM(B3:B4)"计算公式，则计算女性员工人数的占比时，其计算公式会变为"=B4/SUM(B4:B5)"，而不是"=B4/SUM(B3:B4)"，此时计算的女性员工占比人数就会变为100%，从而得到错误结果，如图12-29所示。

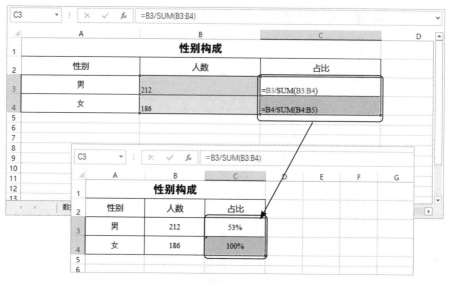

图12-29

12.2.2　分析员工学历构成

员工的学历高低在一定程度上反映了员工的工作能力，如果一个公司全是学历低的员工，则公司在发展道路上可能没那么开阔。因此，对公司学历构成的分析，可以帮助经营者或决策者整体了解公司员工的工作能力水平，从而更好地指导各项决策、规划地确定。并且，这对于人岗优化也有一定的指导作用。

利用数据透视表生成学历构成汇总数据的方法与汇总性别构成数据的方法相似。在本例中，已经创建了数据透视表来分析了公司员工的性别构成，得到最终的汇总数据。要分析公司员工的学历构成，则不需要再创建数据透视表，直接更换数据透视表的显示字段即可，其具体操作如下。

步骤01 在"汇总分析"工作表中的"数据透视表字段"窗格中取消选中"性别"复选框,如图12-30所示。

步骤02 选中"学历"复选框将其添加到行区域,此时数据透视表按不同的学历对公司的人数进行了汇总,如图12-31所示。

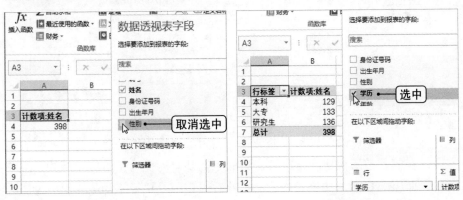

图12-30   图12-31

步骤03 切换到"人力结构分析结果"工作表,复制第1~4行单元格,将其粘贴到第6~9行的位置,如图12-32所示。

步骤04 将复制的表格的标题修改为"学历构成",将A7单元格的"性别"文本修改为"学历"文本,由于学历有3种类型,因此复制第9行单元格,将其粘贴到第10行,完成学历构成汇总报表的结构制作,如图12-33所示。

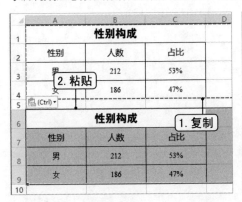

图12-32   图12-33

步骤05 在"汇总分析"工作表中选择A4:B6单元格区域,即各学历的汇总数据,切换到"人力结构分析结果"工作表,选择A8:B10单元格区域,将复制的数据以值的方式粘贴到选择的单元格区域中,完成学历构成汇总数据的填写,如图12-34所示。

图12-34

这里不需要修改学历构成的公式，因为除数采用的是单元格的相对引用方式，在制作学历构成表格时，占比的除数都自动变为了对应学历的人数单元格，即B8、B9和B10单元格，而被除数采用的是单元格的绝对引用方式，因此不变，如图12-35所示，其仍然是性别构成的男女员工人数之和，即公司的员工总人数，因此能够直接得出各学历的员工人数占比。

	A	B	C	D
1		**性别构成**		
2	性别	人数	占比	
3	男	212	=B3/SUM($B$3:$B$4)	
4	女	186	=B4/SUM($B$3:$B$4)	
5				
6		**学历构成**		
7	学历	人数	占比	
8	本科	129	=B8/SUM($B$3:$B$4)	
9	大专	133	=B9/SUM($B$3:$B$4)	
10	研究生	136	=B10/SUM($B$3:$B$4)	

图12-35

12.2.3 分析员工年龄分布

要想公司能够始终保持活力，紧跟时代和行业发展，就必须配备不同年龄段的员工。公司的年轻员工占主要，或者年老员工占主要，都不是最好的人力配备。因此，公司年终都需要对现有人力的年龄分布情况进行分析，了解并掌握不同年龄阶段的员工分布情况，才能有针对性地制订人员储备计划。下面具体介绍如何利用数据透视表快速汇总不同年龄阶段的员工的分布情况，完成公司员工年龄分布的统计，其具体操作如下。

步骤01 在"汇总分析"工作表中的"数据透视表字段"窗格中取消选中"学历"复选框，将"年龄"字段拖动到行区域，此时数据透视表按不同的年龄对公司的人数进行了汇总，如图12-36所示。（这里不能直接选中"年龄"复选框，因为年龄数据为数值，直接选中该复选框，程序会自动将其添加到值区域）。

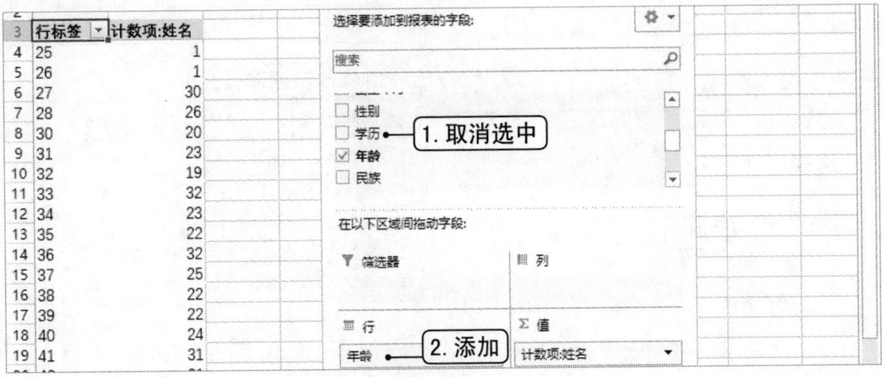

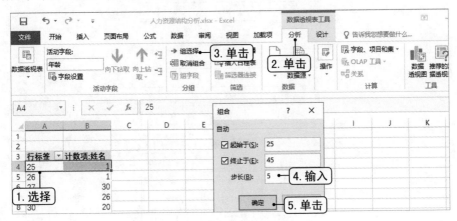

图12-36

步骤02 默认情况下程序自动将相同年龄进行了单独汇总，下面需要按不同的年龄段进行统计，直接选择数据透视表中的任意年龄单元格，单击"数据透视表工具 分析"选项卡，在"分组"组中单击"组选择"按钮，在打开的对话框中设置步长为5，如图12-37所示，单击"确定"按钮将年龄按5岁为一个阶段进行统计。

图12-37

步骤03 切换到"人力结构分析结果"工作表，根据"学历构成"汇总报表制作"年龄分布"汇总报表，如图12-38所示。

步骤04 在"汇总分析"工作表中复制汇总的不同年龄段的数据，在"人力结构分析结果"工作表中选择A14:B17单元格区域，将其以值的方式粘贴，完成该汇总报表的制作，如图12-39所示。

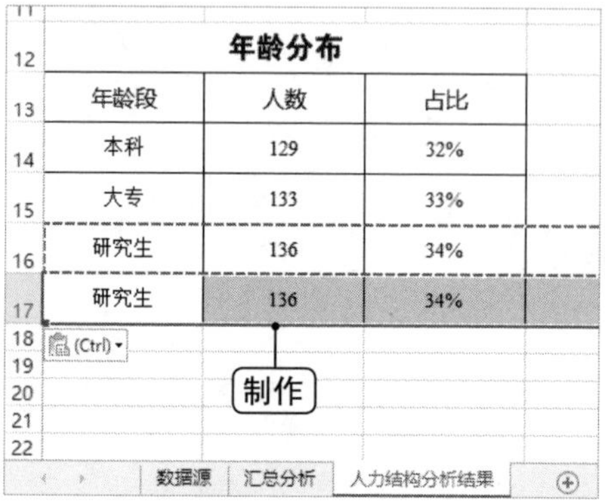

图12-38

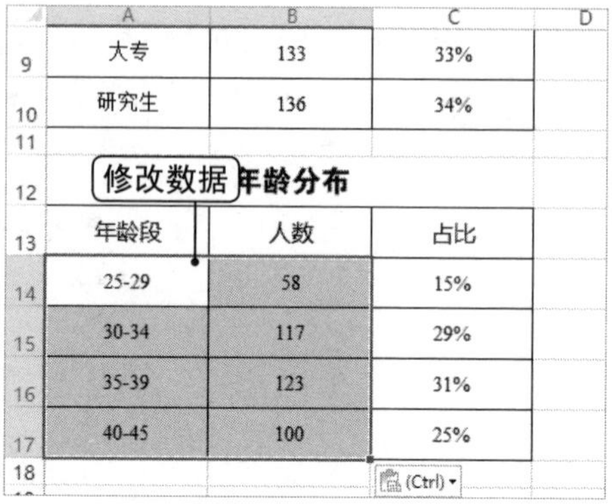

图12-39

本例制作的人力资源结构分析中性别构成、学历构成和年龄分布的最终汇总数据报表的效果如图12-40所示。

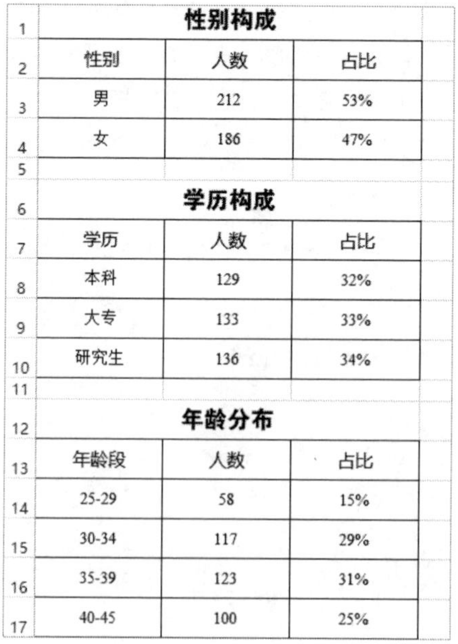

性别构成		
性别	人数	占比
男	212	53%
女	186	47%
学历构成		
学历	人数	占比
本科	129	32%
大专	133	33%
研究生	136	34%
年龄分布		
年龄段	人数	占比
25-29	58	15%
30-34	117	29%
35-39	123	31%
40-45	100	25%

图12-40

本例是从公司的角度来进行人力结构的分析，如果同时查看各部门的人力构成情况，则在利用数据透视表创建动态汇总报表时，只需要将所属部门字段添加到行区域如图12-41所示为汇总的各部门员工的性别构成。

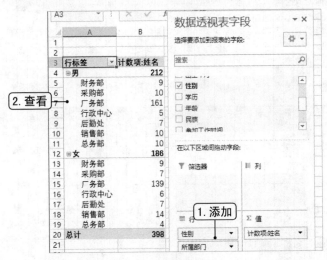

图12-41

12.3　商品销售综合分析

对于销售类公司来说，企业的销售情况必须实时掌握。因此，公司或者企业通常每隔一段时间（月/季度/年中/年底）都会对近期的销售情况进行综合分析，制作统计分析报表，以便随时进行结构或者营销策略调整。

如图12-42所示为某公司12月的商品销售数据，在该表格中详细记录了订单号、订单日期、地区、城市、商品名称、商品类别、商品编号、商品毛重、单价、数量和金额等。现在要对该表格的数据进行统计分析，查看当月各地区不同城市的销售情况，以及公司当月的营业额收入结构与商品出售地分布情况。

订单号	订单日期	地区	城市	商品名称	商品类别	商品编号	商品毛重	单价	数量	折扣	金额	经手人
NO12248	2020/12/1	华北	北京	锌合金门吸	门吸	44164899942	200.00g	15.8	1854	76%	￥22,262.83	何阳
NO12248	2020/12/1	华北	北京	8寸插销	插销	22328593581	80.00g	11	1985	0%	￥21,835.00	何阳
NO12248	2020/12/1	华北	北京	通开抽屉锁	抽屉锁	62984109063	80.00g	6.4	1600	89%	￥9,113.60	何阳
NO12249	2020/12/2	华中	武汉	青古铜合页	合页	27437967637	0.55kg	10	2854	0%	￥28,540.00	何阳
NO12249	2020/12/2	华中	武汉	6寸插销	插销	22328593580	80.00g	7.5	1674	0%	￥12,555.00	何阳
NO12250	2020/12/4	华东	济南	青古铜合页	合页	27437967637	0.55kg	10	968	0%	￥9,680.00	何阳
NO12250	2020/12/4	华东	济南	单开抽屉锁	抽屉锁	62984109060	80.00g	5.4	1654	0%	￥8,931.60	何阳
NO12250	2020/12/4	华东	济南	红古铜抽屉锁	抽屉锁	27437967636	0.55kg	10	368	78%	￥2,870.40	何阳
NO12251	2020/12/5	华东	南京	通开抽屉锁	抽屉锁	62984109063	80.00g	6.4	1832	0%	￥11,724.80	何阳
NO12251	2020/12/5	华东	南京	红古铜合页	合页	44164899942	200.00g	15.8	786	0%	￥12,418.80	何阳
NO12252	2020/12/5	华南	广东	304不锈钢可脱卸脱卸铰链	铰链	27437967636	0.55kg	10	1856	0%	￥18,560.00	何阳
NO12252	2020/12/5	华南	广东	拉丝合页	合页	12160130642	1.0kg	12.8	1578	0%	￥20,198.40	何阳
NO12253	2020/12/5	西南	成都	8寸插销	插销	27437967635	0.55kg	10	1758	0%	￥17,580.00	何阳
NO12253	2020/12/5	西南	成都	4寸插销	插销	22328593579	80.00g	11	1895	0%	￥20,845.00	何阳
NO12254	2020/12/6	华中	郑州	通开抽屉锁	抽屉锁	62984109063	80.00g	6.4	6854	0%	￥37,697.00	何阳
NO12254	2020/12/6	华中	郑州	8寸插销	插销	22328593581	80.00g	11	1014	95%	￥6,165.12	李晓燕
NO12254	2020/12/6	华中	郑州	青古铜合页	合页	27437967637	0.55kg	11	1895	91%	￥18,968.95	李晓燕
NO12255	2020/12/8	华北	天津	304不锈钢合页	合页	27437967637	0.55kg	12.8	425	80%	￥7,720.00	李晓燕
NO12255	2020/12/8	华北	天津	201不锈钢门吸	门吸	44164899935	200.00g	14.9	1200	0%	￥5,440.00	李晓燕
NO12256	2020/12/8	华北	山西	拉丝不锈钢合页	合页	27437967634	0.55kg	10	1985	86%	￥17,880.00	李晓燕
NO12256	2020/12/8	华北	山西	拉丝合金合页	合页	27437967635	0.55kg	10	1500	93%	￥13,950.00	李晓燕
NO12257	2020/12/10	华南	贵州	8寸插销	插销	22328593581	80.00g	11	864	0%	￥9,504.00	李晓燕
NO12257	2020/12/10	华南	贵州	拉丝不锈钢合页	合页	27437967634	0.55kg	9	1200	77%	￥8,316.00	李晓燕
NO12258	2020/12/10	西南	重庆	拉丝合金合页	合页	27437967635	0.55kg	10	2400	0%	￥24,000.00	李晓燕
NO12258	2020/12/10	西南	重庆	拉丝不锈钢合页	合页	27437967634	0.55kg	9	1854	0%	￥16,686.00	李晓燕
NO12259	2020/12/11	华东	济南	4寸插销	插销	22328593579	80.00g	5.5	2568	0%	￥14,124.00	李晓燕
NO12259	2020/12/11	华东	济南	304不锈钢门吸	门吸	27437967637	0.55kg	10	1468	0%	￥14,680.00	李晓燕
NO12259	2020/12/11	华东	济南	锌合金门吸	门吸	44164899940	200.00g	27.8	715	0%	￥19,877.00	李晓燕
NO12260	2020/12/11	西北	兰州	4寸插销	插销	22328593581	80.00g	15.8	1786	0%	￥28,218.80	李晓燕
NO12260	2020/12/11	西北	兰州	青古铜合页	合页	22328593579	80.00g	11	1600	0%	￥17,600.00	李晓燕
NO12260	2020/12/11	西北	兰州	青古铜合页	合页	22328593579	80.00g	5.5	685	82%	￥3,089.35	李晓燕
NO12260	2020/12/11	西北	兰州	青古铜合页	合页	27437967637	0.55kg	10	864	75%	￥6,480.00	李晓燕
NO12261	2020/12/14	东北	哈尔滨	304不锈钢圆装铰链	铰链	12160130643	1.0kg	11.8	1600	79%	￥14,915.20	赵梅

图12-42

从图中可以看到，销售数据都是按照时间顺序逐笔登记的，其登记的信息比较详细，但是在对当月的销售情况进行综合分析时，只需要对其中的某些数据进行统计。此时，最好的方法就是借助数据透视表创建动态变化的报表。对于创建的报表结果，也可以将其图形化展示，从而让结构更直观。下面具体介绍如何利用数据透视功能对该公司当月的销售情况进行综合分析。

本节素材	◎/素材/Chapter12/商品销售综合分析.xlsx
本节效果	◎/效果/Chapter12/商品销售综合分析.xlsx

12.3.1 制作各地区不同城市的销售额汇总报表

要从信息量大的数据源中直观地查看各地区不同城市的商品销售总额，直接通过创建数据透视表，然后只添加地区、城市、商品类别和金额数据即可。需要注意的是，这里需要将城市按地区进行分组，因此在行区域中，需要先添加地区字段，再添加城市字段。下面具体讲解相关操作。

步骤01 打开素材文件，在"数据源"工作表中选择任意数据单元格，打开"创建数据透视表"对话框，选中"新工作表"单选按钮，如图12-43所示，单击"确定"按钮完成数据透视表的创建操作。

步骤02 在新建的工作表中即可查看到创建的空白数据透视表，将工作表的名称修改为"月销售额汇总报表"，选择该工作表标签，按住鼠标左键不放将其拖动到"数据源"工作表的右侧，如图12-44所示。

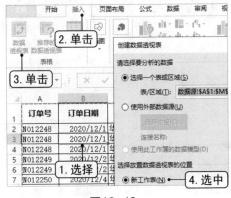

图12-43

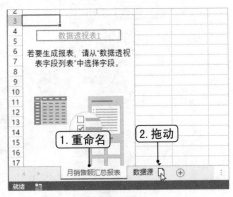

图12-44

步骤03 在"数据透视表字段"窗格依次选中"地区"和"城市"字段对应的复选框，选择"商品类别"字段，按住鼠标左键不放将其拖动到列区域中，选中"金额"字段对应的复选框，程序自动将该字段添加到值区域中，完成数据透视表的布局，如图12-45所示。

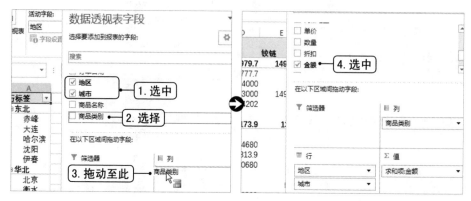

图12-45

步骤04 默认创建数据透视表是以压缩的形式显示的，即城市在地区下方的二级目录下显示，为了便于后面的操作以及查看，这里需要将其设置为以表格形式显示。直接单击"数据透视表工具 设计"选项卡，在"布局"组中单击"报表布局"下拉按钮，选择"以表格形式显示"选项更改数据透视表的报表布局格式，完成该汇总报表的制作，如图12-46所示。

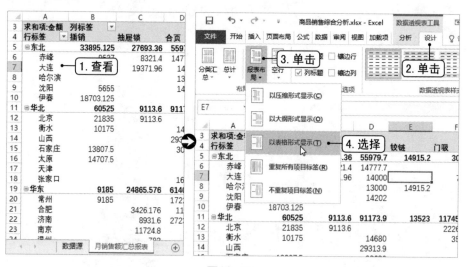

图12-46

本例制作的月销售额汇总报表的最终效果如图12-47所示。

	A	B	C	D	E	F	G	H
3	求和项:金额		商品类别 ▼					
4	地区 ▼	城市 ▼	插销	抽屉锁	合页	铰链	门吸	总计
5	⊟东北	赤峰	9537	8321.4	14777.7			32636.1
6		大连		19371.96	14000		7220.6	40592.56
7		哈尔滨			13000	14915.2		27915.2
8		沈阳	5655		14202			19857
9		伊春	18703.125				23700	42403.125
10	东北 汇总		33895.125	27693.36	55979.7	14915.2	30920.6	163403.985
11	⊟华北	北京	21835	9113.6			22262.832	53211.432
12		衡水	10175		14680		35104.4	59959.4
13		山西			29313.9			29313.9
14		石家庄	13807.5		30680			44487.5
15		太原	14707.5				15595.8	30303.3
16		天津				5440	17880	23320
17		张家口			16500	8083	26611.4	51194.4
18	华北 汇总		60525	9113.6	91173.9	13523	117454.432	291789.932
19	⊟华东	常州	9185		17220.8		11681.6	38087.4
20		合肥		3426.176	11340	1466.24		16232.16
21		济南		8931.6	27230.4		48095.8	84257.8
22		南京		11724.8			12418.8	24143.6
23		温州		783		21877.2	15790.4	38450.6

数据源 | 月销售额汇总报表 | ⊕

图12-47

12.3.2 分析当月的销售营业收入结构

分析当月的销售营业收入结构就是对公司当月产品的销售营业额占比进行分析，查看哪些商品产生的营业额大，哪些商品产生的营业额小。一般情况下，一提到占比，首先想到的是利用饼图或者圆环图展示，但是这些图表有个局限性，就是数据不能太多，而且只能查看当前各分类的占比情况，如图12-48所示。

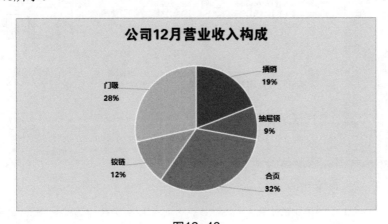

图12-48

要想很好地呈现每个分类相对于总额的占比，可以在饼图中仅显示一个分类，然后将其他分类的扇形设置为相同颜色，这样就可以很好地将该类商品占总销售额的比例直观地展示出来。如图12-49所示为其中两种商品分别相对于总销售额的占比。

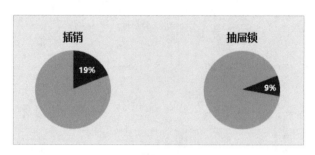

图12-49

在进行图表创建之前，首先需要通过数据透视表获得各类产品当月的销售总金额数据。由于本例的月销售额汇总报表是销售综合分析报表之一，所以不能直接在其上更改字段汇总各商品的销售总金额，这里直接创建报表的副本来进行快速分析，其具体操作如下。

步骤01 选择"月销售额汇总报表"工作表，复制一个副本工作表，将其工作表名称重命名为"公司月营业收入结构分析"，如图12-50所示。

步骤02 取消选中"地区""城市"和"商品名称"字段对应的复选框，然后将"商品类别"字段拖动到行区域，完成各类商品金额汇总报表的创建，如图12-51所示。

图12-50   图12-51

步骤03 选择A3:B4单元格区域，单击"数据透视表工具 分析"选项卡，在"工具"组中单击"数据透视图"按钮，如图12-52所示。

步骤04 在打开的"插入图表"对话框中单击"饼图"选项卡,在右侧的子类型图表列表中自动选择第一个子类型,如图12-53所示,单击"确定"按钮。

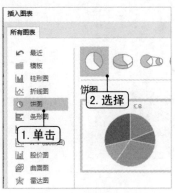

图12-52　　　　　　　　　　　　　　图12-53

步骤05 程序自动创建一个饼图数据透视图,选择图表并单击右上角的"图表元素"按钮,在展开的面板中将鼠标光标移动到"数据标签"选项上,单击出现的向右的三角形按钮,选择"更多选项"命令,如图12-54所示。

步骤06 在打开的"设置数据标签格式"窗格中展开"标签选项"栏,取消选中所有复选框,仅选中"百分比"复选框,并选中"居中"单选按钮调整数据标签的显示位置,如图12-55所示。

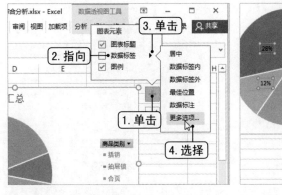

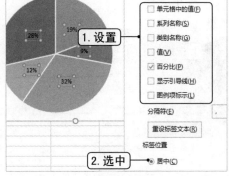

图12-54　　　　　　　　　　　　　　图12-55

步骤07 选择数据系列,在窗格中单击"填充与线条"选项卡,展开"填充"栏,在其中选中"纯色填充"单选按钮,程序自动填充系统颜色,如图12-56所示。

步骤08 保持数据系列的选择状态,展开"边框"栏,选中"实线"单选按钮,程序自动为数据系列引用相同填充色的轮廓颜色,如图12-57所示。

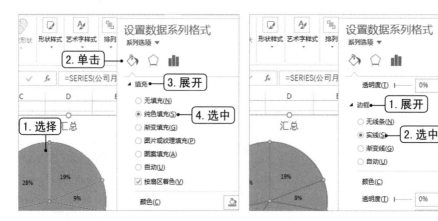

图12-56   图12-57

步骤09 连续两次单击插销数据系列将该数据系列单独选择，在"填充"栏中将填充颜色设置为"橙色，个性色2，深色50%"，在"边框"栏中单击"颜色"下拉按钮，将其边框颜色同样设置为"橙色，个性色2，深色50%"，如图12-58所示。

步骤10 将图表标题修改为"插销"并设置对应的字体格式，选择数据标签，将其字体格式设置为"微软雅黑，加粗，白色"，如图12-59所示。

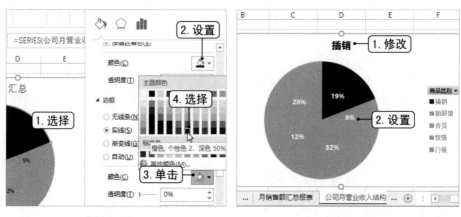

图12-58   图12-59

步骤11 将图表的图例项设置为取消显示，然后选择图表，单击"数据透视表工具格式"选项卡，在"大小"组中将图表的高度和宽度分别设置为5.5厘米和6厘米，如图12-60所示。

步骤12 分别删除除了插销数据系列以外的其他数据标签，选择图表，将其填充色设置为"蓝色，个性色1，淡色80%"，如图12-61所示。

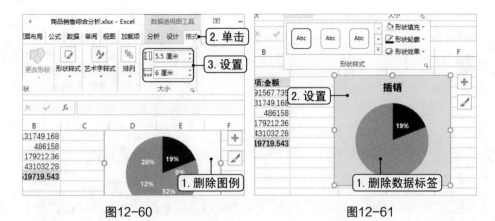

图12-60　　　　　　　　　　图12-61

步骤13 用相同的方法制作其他类型的商品的销售额占比饼图，并调整将其按一定的布局进行排列，如图12-62所示。

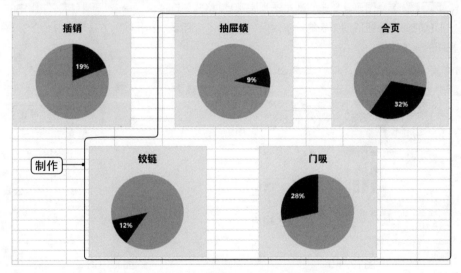

图12-62

步骤14 绘制一个指定大小的矩形形状，单击"绘图工具 格式"选项卡，在"形状样式"组中单击"形状填充"按钮将其形状填充色设置为"蓝色，个性色1，淡色80%"，单击"排列"组中的"下移一层"按钮右侧的下拉按钮，选择"置于底层"选项将其置于图表的下方，如图12-63所示。

步骤15 在矩形形状中添加"公司12月营业收入构成"文本，将其字体格式设置为"方正大黑简体，18，黑体，居中"，字体颜色设置为黑色，如图12-64所示。

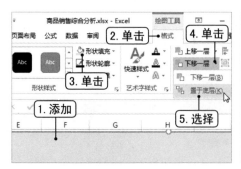

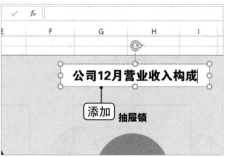

图12-63

图12-64

步骤16 选择添加的标题形状，单击"绘图工具 格式"选项卡，在"形状样式"组中单击"形状填充"按钮直接为其应用与背景矩形形状相同的填充色，单击"形状轮廓"按钮右侧的下拉按钮，选择"无轮廓"选项取消标题形状的轮廓效果，如图12-65所示。

步骤17 选择图表，单击"数据透视图工具 格式"选项卡，单击"形状样式"组中的"形状轮廓"按钮取消图表的轮廓效果，如图12-66所示。用相同的方法取消其他数据透视图的轮廓效果。

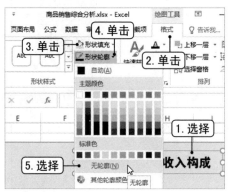

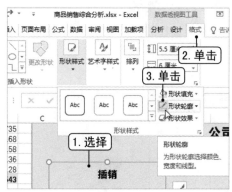

图12-65

图12-66

步骤18 选择工作表中的所有数据透视图、背景矩形形状和标题矩形形状，单击"绘图工具 格式"选项卡，在"排列"组中单击"组合"下拉按钮，在弹出的下拉列表中选择"组合"选项将所有对象组合为一个整体，如图12-67所示。

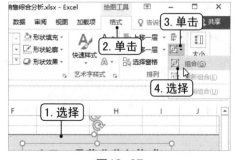

图12-67

本例制作的月销售额汇总报表的最终效果如图12-68所示。

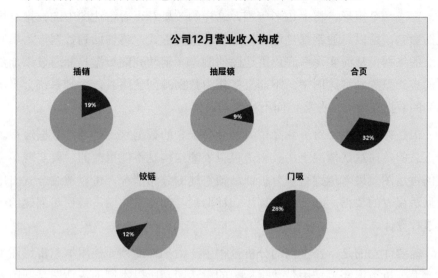

图12-68

12.3.3 分析商品销售地的分布情况

分析商品销售地的分布情况可以让管理者更好地掌握商品的畅销地和直销地，从而有针对地制订销售计划和确定销售目标。

在本例中，可以选用雷达图来对销售地的分布情况进行直观展示。有时候，为了更好地查看绘图区的数据，会对绘图区设置填充色，但是，在Excel中，直接为雷达图的绘图区添加填充色，其效果如图12-69所示。

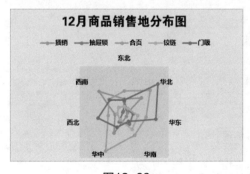

图12-69

从图中可以看到，由7个分类构成的七边形雷达图，绘图区被填充颜色后，形成一个矩形，将七边形包围，这样的效果对查看雷达图中的数据有很大的影响，所以，通常都是通过添加辅助列的形式，将辅助列数据作为填充底纹的依据，从而实现多底色雷达图的制作（辅助列的数据只能通过添加数据的方式添加到雷达图中，不能直接作为数据源创建图表，否则系统会将辅助列的数据作为一个分类，而不是数据系列）。

但是在本例中，对于商品销售地分布报表的数据来源是通过数据透视表来汇总的，而默认情况下，数据透视报表的结构是不能更改的。要实现多底色的雷达图效果，达到直观分析商品销售地的分布情况，可以通过公式引用数据透视表的数据，基于该数据添加辅助列与创建雷达图，最后对创建的图表进行设计。

需要注意的是，在本例的分析过程中，由于辅助列要使用填充雷达图类型，而分析数据需要使用带数据标记的雷达图，所以本例的雷达图是同图表类型，不同子类的组合雷达图。为了不改变图表的外观结构，需要使用双坐标轴来实现。

下面详细介绍如何对12月份商品销售地的分布情况进行图表分析，其具体操作如下。

步骤01 选择"月销售额汇总报表"工作表，复制一个副本工作表，将工作表名称重命名为"商品销售地分布分析"，如图12-70所示。

步骤02 在行区域单击"城市"字段下拉按钮，在弹出的下拉菜单中选择"删除字段"命令将该字段删除，从而统计出各销售地不同商品类别的销售总额，如图12-71所示。

图12-70

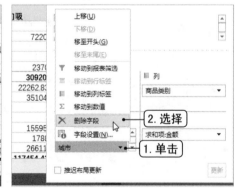

图12-71

步骤03 选择A14:F21单元格区域，在编辑栏中输入"=A4"公式，按【Ctrl+Enter】组合键确认输入的公式，将商品销售地分布报表中各地区各商品类别的销售金额数据引用到选择的单元格区域中，如图12-72所示。

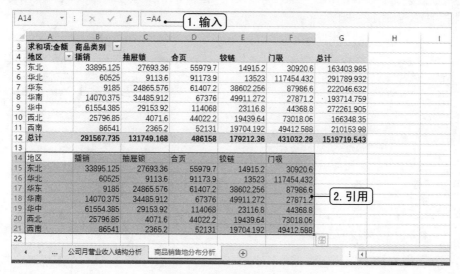

图12-72

步骤04 保持单元格区域的选择状态，单击"插入"选项卡，在"图表"组中单击"插入曲面图或雷达图"下拉按钮，在弹出的下拉菜单中选择"带数据标记的雷达图"图表类型创建一个带数据标记的雷达图图表，如图12-73所示。

步骤05 删除图表中默认的图表标题占位符，重新输入"12月商品销售地分布图"标题，选择图表，单击"图表工具 格式"选项卡，在"大小"组的"高度"和"宽度"数值框中分别输入相应的数值对图表的大小进行调整，如图12-74所示。

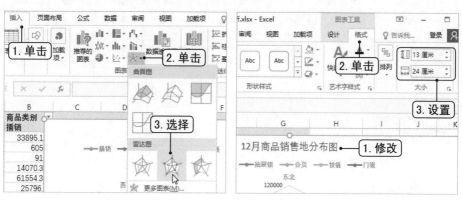

图12-73　　　　　　　　　　　图12-74

📌 **步骤06** 根据创建的雷达图的数值坐标轴添加3列辅助列，分别是圆1列的120 000、圆2列的80 000和圆3列的40 000，如图12-75所示。

📌 **步骤07** 选择图表，单击"图表工具 设计"选项卡，在"数据"组中单击"选择数据"按钮，如图12-76所示。

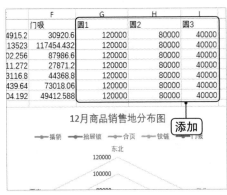

图12-75

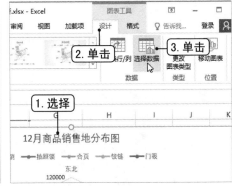

图12-76

📌 **步骤08** 在打开的"选择数据源"对话框中直接单击"图例项（系列）"栏中的"添加"按钮打开"编辑数据系列"对话框，如图12-77所示。

📌 **步骤09** 将文本插入点定位到"系列名称"参数框中，在工作表中选择G14单元格引用第一列辅助列的表头数据，删除"系列值"参数框中的默认数据，在工作表中选择G15:G21单元格区域引用第一列辅助列的数据，单击"确定"按钮确认设置，如图12-78所示。

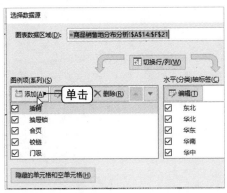

图12-77

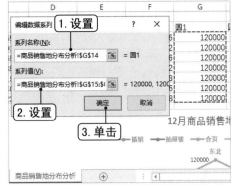

图12-78

📌 **步骤10** 用相同的方法将"圆2"和"圆3"辅助列的数据添加到图表中，在"选择数据源"对话框的"图例项（系列）"栏中选择"圆1"图例项，连续单击"上移"按钮将辅助列的图例项移到最上层，用相同的方法将"圆2"和"圆3"辅助列的图例项移动到"圆1"辅助列下方，如图12-79所示，最后单击"确定"按钮将辅助列添加到雷达图中。

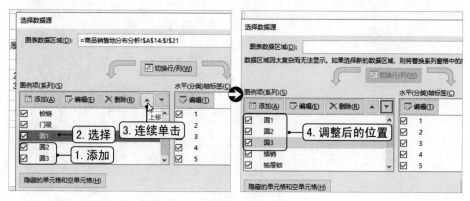

图12-79

步骤11 选择最外层的"圆1"数据系列，在其上右击，在弹出的快捷菜单中选择"更改系列图表类型"命令，如图12-80所示。

步骤12 在打开的"更改图表类型"对话框的"为您的数据系列选择图表类型和轴"栏中将"圆1""圆2"和"圆3"数据系列的图表类型更改为"填充雷达图"，此时可以从上方的预览区域中查看到，虽然数据系列的图表类型改变了，但是图表结构也发生了改变，如图12-81所示。

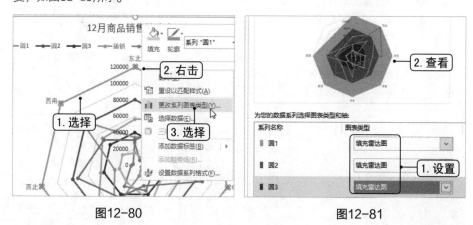

图12-80　　　　　　　　　　　　　　图12-81

步骤13 在"为您的数据系列选择图表类型和轴"栏中将"圆1""圆2"和"圆3"数据系列对应的"次坐标轴"复选框选中，此时可以从上方的预览区域中查看到图表外观结构恢复了原样，单击"确定"按钮关闭对话框，如图12-82所示。

步骤14 选择图表，单击右上角的"图表元素"按钮，在展开的面板中将鼠标光标指向"坐标轴"选项，单击向右的三角形按钮，在弹出的子菜单中取消选中"次要纵坐标轴"复选框，选择"更多选项"命令，如图12-83所示。

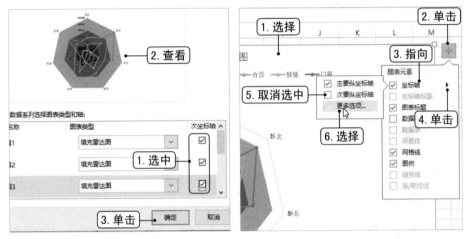

图12-82　　　　　　　　　　　　　图12-83

步骤15 在打开的"设置坐标轴格式"窗格中展开"坐标轴选项"栏，在"最大值"文本框中输入"120000"，完成坐标轴刻度最大值的修改，如图12-84所示。保持坐标轴的选择状态，按【Delete】键将其删除。

步骤16 选择图表，窗格变为"设置图表区格式"窗格，单击"填充与线条"选项卡，展开"填充"栏，选中"纯色填充"单选按钮，单击"颜色"下拉按钮，选择"蓝色，个性色1，淡色80%"选项更改图表的填充颜色，如图12-85所示。

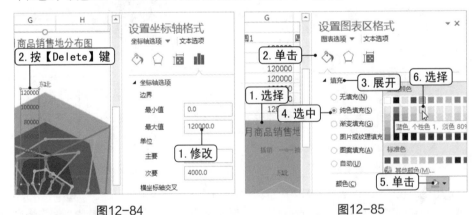

图12-84　　　　　　　　　　　　　图12-85

步骤17 将图表标题的字体格式设置为"方正大黑简体，18，黑色"，将图例的字体格式设置为"微软雅黑，加粗，黑色"，选择地区分类标签，将其字体格式设置为"微软雅黑，加粗，黑色"，如图12-86所示。

步骤18 单击"图表工具 格式"选项卡，在"当前所选内容"组中单击下拉列表框右侧的下拉按钮，在弹出的下拉列表中选择另一个"分类标签"选项将次要坐标轴的分类标签选中，如图12-87所示。

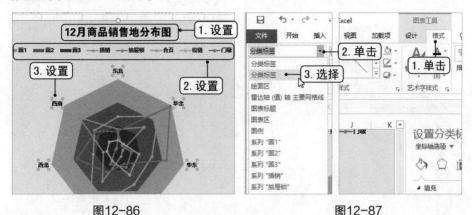

图12-86   图12-87

步骤19 单击"开始"选项卡，在"字体"组中单击"字体颜色"按钮右侧的下拉按钮，在弹出的下拉菜单中选择一种与背景色相同的颜色，这里选择"蓝色，个性色1，淡色80%"选项，隐藏次要坐标轴的分类标签，如图12-88所示。

步骤20 选择"圆1"数据系列，单击"图表工具 格式"选项卡，在"形状样式"组中单击"形状填充"按钮右侧的下拉按钮，选择一种填充色，再次弹出该下拉菜单，选择"其他填充颜色"命令，如图12-89所示。

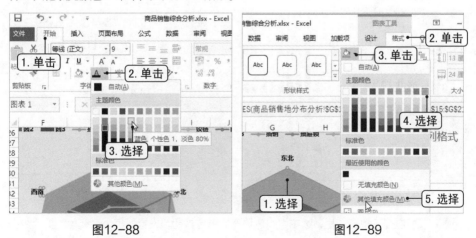

图12-88   图12-89

步骤21 在打开"颜色"对话框的"自定义"选项卡中将透明度设置为80%，如

图12-90所示，单击"确定"按钮关闭对话框应用设置的透明度。用相同的方法为"圆2"数据系列和"圆3"数据系列设置对应透明度的填充色。

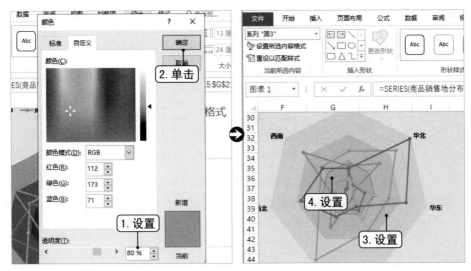

图12-90

🔘 **步骤22** 选择"插销"数据系列，展开"线条"栏，选中"实线"单选按钮，单击"颜色"下拉按钮，选择"深红"选项更改数据系列的线条颜色，如图12-91所示。

🔘 **步骤23** 单击"标记"选项卡，展开"数据标记选项"栏，选中"内置"单选按钮，保持默认的类型，将大小设置为8，如图12-92所示。

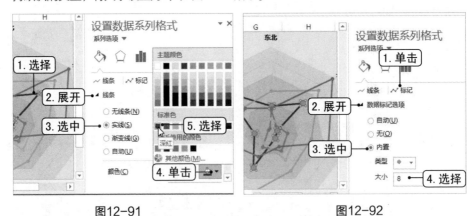

图12-91　　　　　　　　　　　　图12-92

🔘 **步骤24** 展开"填充"栏，选中"纯色填充"单选按钮，设置颜色为"红色"更改数据标记填充颜色；展开"边框"栏，选中"实线"单选按钮为数据标记应用自动的轮廓颜色，如图12-93所示。用相同的方法更改其他数据系列线条、标记样式效果。

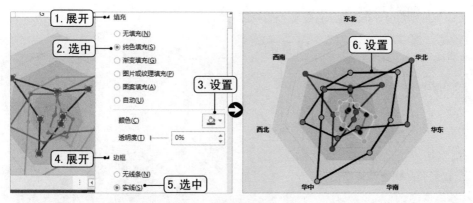

图12-93

 步骤25 选择图表，单击右上角的"图表元素"按钮，将鼠标光标移动到"图例"选项上，单击向右的三角形按钮，在展开的菜单中选择"左"选项将图例移动到图表的左侧显示，如图12-94所示。

 步骤26 将图表标题移动到图表的左上角，选择图例，向上移动其到合适的位置，如图12-95所示。

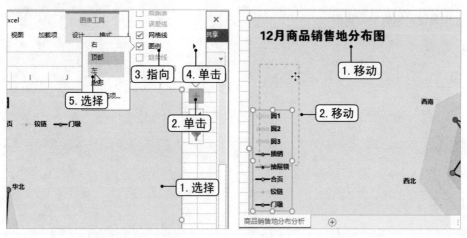

图12-94　　　　　　　　　　　　图12-95

 步骤27 添加一个与图表背景色相同的无轮廓的形状，将其移动到图例中辅助列的图例上，遮住辅助列的图例，选择图表和添加的形状，单击"绘图工具 格式"选项卡"排列"组中的"组合"下拉按钮，在弹出的下拉列表中选择"组合"选项将二者组合为一个整体，如图12-96所示。

 步骤28 选择图表的绘图区，向外拖动控制点调整绘图区的大小，使雷达图最大化显示，完成销售地分布图的所有制作过程，如图12-97所示。

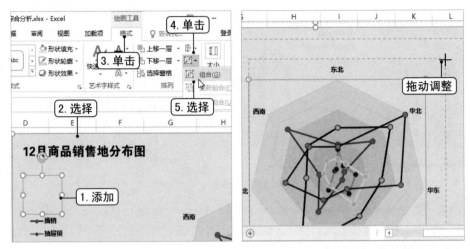

图12-96   图12-97

本例制作的商品销售地的分布图的最终效果如图12-98所示。

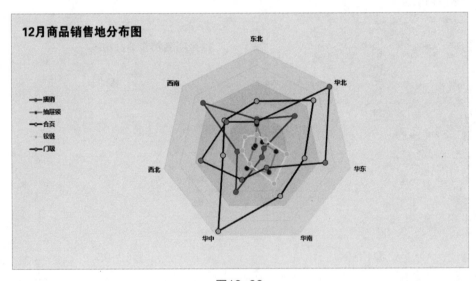

图12-98